北村 淳

トランプと自衛隊の対中軍事戦略

地対艦ミサイル部隊が人民解放軍を殲滅す

講談社＋α新書
プラスアルファ

まえがき——日本が開発・製造している地対艦ミサイルが主役

二〇一七年五月、本書でも重要な役割を担うアメリカ太平洋軍のハリー・ハリス司令官が、東京都内で講演を行った。このときハリス氏は、「列島線防衛の新しい方策を検討すべきで、（米陸上部隊に）艦艇を沈める能力の強化を指示した」（「産経新聞」六月二五日付）と発言した。

すると二〇一七年六月、日米が陸上自衛隊の地対艦誘導弾（ＳＳＭ）を用いて共同訓練を行うことも判明した。これは中国人民解放軍の艦艇に対する抑止力を強化するためである。本書の主題にもなるＳＳＭ（地対艦ミサイル）を、米軍は保有していない。そのため運用ノウハウを自衛隊から学び、南シナ海でも戦術的に使うことを考えているのだ。

さて、この地対艦ミサイルは旧ソ連の北海道への侵攻を防ぐために配備されたが、脅威《きょうい》となる対象が中国に移ったことから、南西諸島の防衛にシフトされたもの。地対艦ミサイル部隊は、世界広しといえども、日本の自衛隊にしか存在しない。アメリカは、東西の大西洋と太平洋の先にある敵国から距離的に離れているため、沿岸を防護する地対艦ミサイルは不要とされてきた。

米軍がいま地対艦ミサイルを活用しようとしているのは、南シナ海における中国の脅威を減殺《げんさい》するためである。先の「産経新聞」の記事によれば、ハリス司令官は、地対艦ミサイルを念頭に「陸自から学びたい」とも述べたという。

中国がいう「第一列島線」は、九州、沖縄、先島《さきしま》諸島を経て、台湾やフィリピン、カリマンタン島（ボルネオ島）に至るラインを指す。この列島線にある友好国のフィリピンやインドネシアなどと連携し、地対艦ミサイルで中国人民解放軍の艦艇の動きを抑えるのだ。

さて私は、二〇一五年三月に『巡航ミサイル１０００億円で中国も北朝鮮も怖くない』（講談社＋α新書）を上梓《じょうし》した際、日本の国防政策が日米同盟に頼り切っている危険な状況を指摘した。そして自主防衛力を高めるため、報復攻撃能力を身に付ける努力を開始することを提唱した。しかし日本政府は、報復攻撃力はもちろん、自主防衛力すら高める動きを見せていない。

それどころか、「頼みの綱」である同盟国アメリカで、軍事オプションを嫌っていたバラク・オバマ政権から、強いアメリカを標榜《ひょうぼう》するドナルド・トランプ政権へと移行すると、ますますアメリカに擦《す》り寄る姿勢を露骨に見せ、心ある米軍関係者たちから失笑を買っている始末だ。

日本政府が防衛戦略を何ら進展させていないその二年間に、日本を取り巻く軍事情勢、すなわち軍事的脅威は、ますます厳しさを増した。北朝鮮による核弾頭搭載大陸間弾道ミサイルの開発は、かつては技術的に疑問視されていたものの、もはや完成は秒読み段階に至ったと考えられていた。ロシアも、いわゆる北方領土を含む千島《ちしま》列島方面での防衛態勢の強化に舵《かじ》を切り、地対艦ミサイルや地対空ミサイルなどの設置を開始。それとともに駐屯《ちゅうとん》部隊の増強にも着手した。

それ以上に対米防御戦力ならびに対日攻撃戦力を飛躍的に強化させているのが中国である。上記拙著で指摘した中国の長射程ミサイル戦力は、その後もますます強化され続けているが、それ以上に中国が目に見える形で軍事的優勢を手にしているのが南シナ海だ。

かねてより軍事拠点を維持していた西沙《せいさ》諸島に加え、南沙《なんさ》諸島に、まさに「あっという間に」七つの人工島を誕生させた。いずれも軍事基地化が急進展している。その南沙諸島の北方海上約五〇〇キロに浮かぶスカボロー礁《しょう》にも、中国軍事施設が誕生するのもそう遠くはないと思われる。

日本にとってさらに深刻なのは東シナ海だ。島嶼《とうしょ》や人工島に滑走路や港湾施設、そして軍事施設を設置し、誰の目にも中国の軍事的優勢が見て取れる南シナ海と違い、東シナ海では異なった手法で覇権《はけん》主義的拡張政策を推し進めている。

すなわち、尖閣《せんかく》諸島周辺海域に恒常的に中国海警局巡視船や漁船団をうろつかせることにより、中国船が当該海域に常在する状況を国際社会に見せ続けているのである。

同時に、各種軍用機を次から次へと日本の領空に接近させ、中国軍機に対するスクランブル発進を、航空自衛隊の日課のような状態にさせてしまう。すると日本側はその状態に慣れ、危機感が麻痺してしまう。加えて、直接の利害関係を持たない国際社会に至っては、日本の領域なのか中国の領域なのか不鮮明になってしまう。これが中国の目論見《もくろみ》なのだ。

那覇《なは》空港（民間旅客機と自衛隊機が共用）で何度も自衛隊機によるスクランブル発進に出くわしたことのある米軍将校などは、「毎日、平均して二回もスクランブルを行っているような状態は、もはや平時とはいえない」と、日本政府の「暢気《のんき》さ」に驚いている。このような状態が数年続けば、南シナ海のように軍事拠点を築かなくとも、尖閣諸島を実効支配しているのは日本なのか中国なのか分からなくなってしまいかねない。

こうした長射程ミサイルによる戦力強化、南シナ海での軍事拠点の建設、それに東シナ海での艦船や航空機の展開などは、いずれも中国海軍の戦略を推進するため綿密に計画され、そのうえで行われている布石《ふせき》だ。一九八〇年代後半、その基本的な戦略が打ち出された目的は、アメリカ海洋戦力の接近を、中国沿岸からできるだけ遠くで阻止《そし》することにあった。いかなる海軍の建設といえども二五年はかかるといわれるが、中国は着々と海軍建設を推し進めてきた。そして、いまや中国は、日本列島から台湾とフィリピンを経てカリマンタン島に至る島嶼ライン（第一列島線）の内側、すなわち南シナ海と東シナ海に、アメリカ海洋戦力を寄せ付けない態勢を完成させつつある。

一方、ソ連との冷戦に勝利したあと、イラクやアフガニスタンでの戦闘（地上戦）や中東を中心とするテロリスト集団との戦闘（地上戦）に関わってきた米軍は、新たな海洋軍事勢力である中国の勃興《ぼっこう》に対する確固たる海軍戦略を欠いてきた。世界最強と自負する空母打撃群（CSG）を擁《よう》しているという驕《おご》りから、時代遅れとなりつつある空母艦隊至上主義から脱却できないでいる。

さらにオバマ政権が誕生したおかげで、軍事費の大削減まで実施されてしまった。その結果、落ち着いて効果的な対中海軍戦略を構築するような状態ではなくなってしまった。

そのようなアメリカに擦り寄ってきた日本政府に、中国海軍の戦略に対抗し得る国防戦略などあるはずがない。

もっとも、オバマ政権とは軍事政策では一八〇度方向性が異なるトランプ政権が誕生したため、日本にとっての軍事環境が好転するという考えも間違いとはいえない。たしかにトランプ政権は米軍の再構築作業に着手し、とりわけ第一次世界大戦以後で最小規模にまで落ち込んでしまった海軍の戦力強化に大きく舵《かじ》を切った。しかし、海軍力強化の成果が現れ始めるにはかなりの長年月が必要となる。それでは、遅いのだ。

このように愚痴《ぐち》をいい、嘆いているだけでは、中国の覇権主義的な海洋政策の進展をストップすることはできない。どのようにすれば、尖閣諸島や先島諸島まで中国に奪われてしまう事態を阻止することができるのか――この課題に回答を与える戦略を生み出さなければならない。

本書は、その一つの戦略案「グレートバリア戦略」を具体的なケーススタディを用いながら紹介するものである。

すでに二〇一五年、グレートバリア戦略の概要は、筆者と畏友《いゆう》たるアメリカ海軍や海兵隊の現役・退役将校たちとのあいだで、おおかた完成していた。

しかしながら、当時のオバマ政権による対中融和姿勢のもと、対中封じ込め派の軍関係者たちには風当たりが強く、ある海軍大佐（本書にも仮名で登場する）は退役を余儀《よぎ》なくされ、多くの協力者たちも次の職を考えねばならない状況であった。

ところがトランプ政権が誕生したため、状況は一変した。アメリカ第一主義を掲げるトランプ大統領にとって、米軍は世界最強でなくてはならない。ということは、いくら中国の近海域とはいえ、東シナ海や南シナ海で中国軍の前に手も足も出ない海軍では話にならないのだ。

当然のことながら、「力による平和の維持」の信奉者であるトランプ大統領が目指す対中軍事戦略は、「封じ込め」ということになる。そしてグレートバリア戦略は、まさに中国を封じ込めるための戦略の一つであり、トランプ政権以降の米軍の戦略として採用される可能性が極めて高い。

実際に、トランプ政権発足後のアメリカ海軍連盟（THE NAVY LEAGUE：海軍、海兵隊、沿岸警備隊、商船隊の協賛団体で、軍関係者、学者、防衛産業、政治家など五万名以上のメンバーを擁する）の会合において、冒頭でも触れた太平洋軍司令官ハリー・ハリス海軍大将が、「南シナ海や東シナ海の海域で中国海軍に対抗するには、海洋戦力だけではなく陸上戦力による対艦攻撃能力を強化して、活用しなければならない」といった内容の戦略構想を述べた。これこそ、地対艦ミサイル戦力が主役として位置づけられているグレートバリア戦略と軌を一《いつ》にしたアイデアである。

このように、本書の戦略案が現実的アイデアへと姿を変えつつあるのと並行して、退役が視野に入っていた筆者の協力者たちも、再び表舞台で活躍する可能性が高まってきた。グレートバリア戦略が、トランプ政権が日本も巻き込んで推し進めるであろう対中軍事戦略、封じ込め戦略の一部として実戦に投入される日は、そう遠くはない。

ただグレートバリア戦略は、これから米軍が推し進めていく対中軍事戦略の一部分となり得るとはいえ、あくまで日本の国防のために生み出された戦略案である。したがって、アメリカの政府と軍が主体となるのではなく、日本政府と自衛隊が主導することはいうまでもない。

また、前著『巡航ミサイル1000億円で中国も北朝鮮も怖くない』では、アメリカ製のトマホーク巡航ミサイルが「主役」であったが、本書のグレートバリア戦略では、日本が開発・製造している地対艦ミサイルが「主役」となる。まさに日本による日本のための防衛戦略なのだ。

以下、本書では、グレートバリア戦略そのものを実行するツールとしての組織や兵器や装備についてのテクニカルな説明は詳述しない。そうではなく、二〇二X年（二〇二二年から二〇二六年がイメージされている）にグレートバリア戦略が実施された場合を想定し、「南西諸島周辺海域で、どのような状況が生み出されることになるのか?」、そして「中国が覇権を手にしようとしている南シナ海で、どのような効果を与えるのか?」について、具体的な描写をしようと思う。

前もってお断りしておきたいが、以下のシミュレーションは、決して空想的な未来戦記ではない。それらは、二〇二X年にグレートバリア戦略が実施された場合、東シナ海と南シナ海で、現実的に起こり得る状況だ。

ここで「現実的」というのは、筆者とその協力者たる軍事専門家たちによって生み出された実現可能な戦略に基づき、実際に米軍関係者たちが使用しているシミュレーターでの検証を経たストーリーという意味である。

また、シミュレーションそのものは、アメリカ海軍「SEALs Team 6」や、海兵隊「Force Recon」などが、特殊作戦の戦術検証のために用いる手法から進化した「レッドセル分析」に基づいて生み出された。

これは、実際に敵と味方の意思決定者や指揮官などの役割を分担し、それぞれが手にすることができるデータと知識をもとに判断を重ねて、仮想空間で交渉したり戦争したりする手法である。したがって、以下のシミュレーションに登場する日本、アメリカそして中国の政治指導者や軍関係者などが語る内容は、レッドセル分析における実戦経験者や研究者たちの言葉である。

グレートバリア戦略が生み出されたきっかけは、ホノルル郊外のアメリカ海兵隊司令部で行われた会合だ。アメリカ海軍や海兵隊関係者と「中国人民解放軍の目に余る増長ぶり」に関して行った話し合いにある。そうして何名かの同志が集まるようになり、データの収集・分析、それにシミュレーションを行った結果、納得がいく形として戦略が生み出された。

しかしながら、せっかくのグレートバリア戦略も、中国に対して遠慮がちだったオバマ政権下では、日の目を見ることはなかった。ところがトランプ政権の誕生により、ようやく現実のものになろうとしている。もちろん、戦略実施の主役は日本である以上、アメリカ側からの圧力が加わる前に、日本政府の決断が望まれるところだ。

いずれにせよグレートバリア戦略は、「海洋戦力にはより強力な海洋戦力で対抗する」という伝統的な海軍の戦略とは一線を画す、新機軸の戦略なのだ。

なお、登場人物の肩書は、記事当時のものとしている。また、シミュレーションのなかでは現存しない艦船やミサイルなども登場するが、二〇二六年までには完成しているものだ。

二〇一八年六月

北村《きたむら》　淳《じゅん》

目次◉トランプと自衛隊の対中軍事戦略　地対艦ミサイル部隊が人民解放軍を殲滅す

第四章　南シナ海で中国が直面する悪夢

終　章　地対艦ミサイルは専守防衛の武器

第一章　「グレートバリア戦略」とは何か

トランプ大統領と大海軍の必然

「偉大なアメリカの復活」を旗印にして大統領の座を勝ち取ったドナルド・トランプは、偉大なアメリカの一つの象徴として、「強力な軍事力」の復活を最重要政策としている。つまり、オバマ政権下で弱体化してしまった米軍の戦力強化に着手し始めたのだ。とりわけ重点的に強化を図ろうとしているのが海軍力である。

なぜ海軍力なのか？　それはアメリカがシーパワー、つまり地政学的見地からは、海軍力と海運力で国家を成り立たせる国であるからだ。

アメリカは島国ではない。北はカナダと、南はメキシコとのあいだに、陸上国境が存在する。しかし、カナダとは「一八一二年戦争」（一八一二～一五年）以降、メキシコとは「米《べい》墨《ぼく》戦争」（一八四六～四八年）以降、戦争や軍事衝突が起きたことはない。また、一八五九年に現在のブリティッシュコロンビア州（カナダ）とワシントン州（アメリカ）の島嶼《とうしょ》部の国境画定で紛争が生じ、イギリス海軍・海兵隊とアメリカ陸軍が対峙《たいじ》する事態に発展した事例を除いては、軍事的に緊張が高まる事態には至ったこともない。

現在も、これら三国のあいだに軍事衝突が生じるなどと考える者は、外国に対する警戒心が異常に強いアメリカ安全保障関係者のなかにも存在しない。したがって、アメリカの陸上国境は、軍事的には警戒する対象とはなっておらず（麻薬や違法移民の流入を防ぐ国境警備は、メキシコの侵攻に備えているわけではない）、外敵の軍事的脅威はもっぱら、太平洋と大西洋、そしてそれらの上空を経由して来るものとされている。

このような意味で、すでに一五〇年以上も前から、アメリカ自身は自らをシーパワーと位置づけており、古くはシーパワーの先輩格であったイギリスを見習って、海軍や海兵隊を編制したのだ。もっとも、現在の米軍（海軍、海兵隊、陸軍、空軍、沿岸警備隊）の人員や予算の規模で最も大きいのは陸軍であり、シーパワーとは矛盾《むじゅん》しているように見えるかもしれない。

しかしアメリカ陸軍は、本土に攻め込んでくる侵略軍と戦うことを想定していない。もっぱら外地に進出し、アメリカの国益のために活動することが想定されている遠征軍である。したがって、強力な海洋戦力（海軍と海兵隊、それに一部の空軍）が存在しなければ、陸軍を外地に遠征させることはできない。

つまり、シーパワーとしてのアメリカの軍事力は、海軍力が中心となって編成されるべきものとされている。したがって「偉大なアメリカの復活」という旗印を掲げ、そのために軍事力を強化する政策を推進するトランプ大統領が、「強力な海軍力の再構築」を最優先課題とするのは、極めて自然な方向ということになる。

「三五〇隻海軍の建設」へ

トランプ政権は、強力な海軍力を再構築するための具体的手段として「三五〇隻海軍の建設」と「フィラデルフィア海軍工廠《こうしょう》の復活」という政策公約を明示している。

「三五〇隻海軍の建設」というのは、読んで字のごとく、海軍の艦艇数を三五〇隻に増強するということ。「オバマ政権による軍事費の大削減政策の結果、第一次世界大戦以降としては最小規模にまで落ち込んでしまったアメリカ海軍の艦艇数を増大させる」という政策を、一般向けに分かりやすく伝える標語である。

一九八〇年代にロナルド・レーガン大統領のもとでも海軍増強策が進められ、その際には「六〇〇隻海軍構想」が推し進められた。その当時のアメリカは、ソ連との冷戦の真《ま》っ只中《ただなか》にあり、一九七〇年代中頃から急速に充実してきたソ連の海洋戦力を封じ込めるため、レーガン政権は、アメリカ海軍の大増強政策を打ち出した。そのトランプ版が「三五〇隻海軍」構想であり、この仮想敵はソ連海軍ではなく、中国海軍である。

目標数だけを見ると、レーガン政権が打ち出した「六〇〇隻海軍」には及ばないが、レーガン時代の軍艦よりも、現在の軍艦の兵器システム、センサー類、通信システムは進歩しているため、以前より少ない艦艇数でも、それ以上の働きが期待できる。そのため、トランプ政権の「三五〇隻海軍」には、レーガン政権の「六〇〇隻海軍」に匹敵する能力を期待することができる。

もっとも三五〇隻や六〇〇隻といっても、アメリカ海軍すべての艦艇数を意味しているわけではなく、航空母艦、原子力潜水艦、巡洋艦、駆逐艦、強襲揚陸艦《きょうしゅうようりくかん》など、主力戦闘艦艇を対象にしている。現在、それらの主力艦は二五〇隻程度であるため、一〇〇隻もの主力艦を建造し、海軍力を大増強しようという、極めて野心的な計画なのだ。

フィラデルフィア工廠復活の意味

一〇〇隻もの主力艦を建造するには、軍艦に乗り組む海軍将兵、メンテナンスや修繕に従事する要員、あるいは港湾施設や修繕ドックの設備も、大幅に増加させなければならない。そして何よりも、軍艦そのものを造り出すための造船所をはじめとする建艦能力、これを大幅に増強する必要がある。

そこでトランプ大統領は、「三五〇隻海軍」を造り上げるため、国防予算を大増額するのだ。この当たり前のことに加えて、フィラデルフィア海軍工廠の復活という、具体的な手段をも打ち出した。

フィラデルフィア海軍工廠は一八〇一年に開設されたアメリカ海軍の造船所（ただし、正式名称は途中から「フィラデルフィア海軍造船所」に変わった）。長きにわたりアメリカ海軍艦艇の建造・修理を続け、第二次世界大戦中だけでも、五三隻もの軍艦を生み出し、五七四隻の艦艇の修理を実施した。

しかしながら、東西冷戦終結後の海軍予算の縮小や、メンテナンスや建艦への海外企業の参入などに伴い、フィラデルフィア海軍工廠の規模は縮小され続け、とうとう一九九五年には閉鎖されるに至った。現在、横須賀を本拠地にしているアメリカ第七艦隊の旗艦「ブルーリッジ」は、フィラデルフィア海軍工廠で生み出された最後のアメリカ軍艦である。

トランプ大統領によると、「偉大なアメリカの復活」を牽引《けんいん》する「三五〇隻海軍」は、アメリカ人の手で、アメリカの鉄を用いて成されなければならない。したがって、一〇〇隻にのぼる主力艦や、それ以外にも建造される小型軍艦や補助艦船など大量の軍艦建造のため、かつての偉大な海軍力を支えたフィラデルフィア海軍工廠を復活させるのだ。

それとともに、製鉄業や機械工業、あるいは最先端技術の研究まで、アメリカの様々な企業の総力を投入することになる。これによって、軍事力が強化されるだけでなく、国内産業も活性化し、先端技術開発も進展、国内雇用も増大する。このように、一石数鳥の国益を確保する妙案ということになる。

大海軍再建には何年かかるのか

このようなトランプ大統領の海軍増強策をアメリカ海軍が大歓迎しているのは当然である。それは、海軍自身が潤沢《じゅんたく》な予算に恵まれるからという理由だけではない。これまで必要な軍艦を手にすることができなかったため、東アジア海域では、猛烈なスピードで拡大を続ける中国海軍に対し、劣勢に立ちつつある。この状況を何とか挽回《ばんかい》するための光明《こうみょう》を見いだしたことも大きい。

とはいうものの、「三五〇隻海軍」は、一朝一夕《いっちょういっせき》に達成されるわけではない。トランプ政権が打ち出しているように、フィラデルフィア海軍工廠のような大型の軍艦建造所を誕生させなければ、現在の軍艦建造能力のままでは、一五年かかっても達成できないであろう。なぜなら造船所は、新造軍艦の建造だけでなく、就役している軍艦の整備や修繕もこなさなければならないからだ。

このように、多くの軍艦を生み出すペースを速めるための建艦設備を整備していくにも、数年は必要である。ということは、「三五〇隻海軍」が誕生するのは、どんなに順調に事が運んだとしても一〇年近くかかる。

ところが、「そんなに悠長《ゆうちょう》なことはいっていられない」と、アメリカ海軍戦略家たちは焦《あせ》っている。なぜなら、大海軍再建の発端《ほったん》となった、中国海軍がますます強力になり、東アジア海域では圧倒的な優勢を占めかねないからである。

トランプ大統領が目指す「偉大なアメリカの復活」のためには、アメリカ海軍は世界の海で優勢を維持しなければならない。しかしながら、「三五〇隻海軍」建設には時間がかかるのも厳然たる事実なのだ。

中国海軍を第一列島線で阻止

そこで、海軍戦略家や対中軍事専門家などのあいだでは、ある具体策が議論されている。以下のようなアイデアである。

――「強大なアメリカ海軍」が再構築されるまでの数年間、中国人民解放軍の海洋戦力（海軍、ロケット軍の一部、空軍の一部）がますます強力になることは確実。我が陣営の海洋戦力が現状を維持する程度で推移するならば、そのような強力な海洋戦力を背景にして、少なくとも南シナ海と東シナ海での軍事的優勢を中国が確実なものにすることは疑いない。

中国の戦力強化に関する米軍はじめ西側の分析者の予測は、常に現実に先を越されてしまっていた。それを加味すると、数年後には、中国海洋戦力の優勢圏は西太平洋やインド洋にも拡大してしまう恐れもある。このような事態だけは何としてでも防がなければならない。

図表1　第１列島線と第２列島線

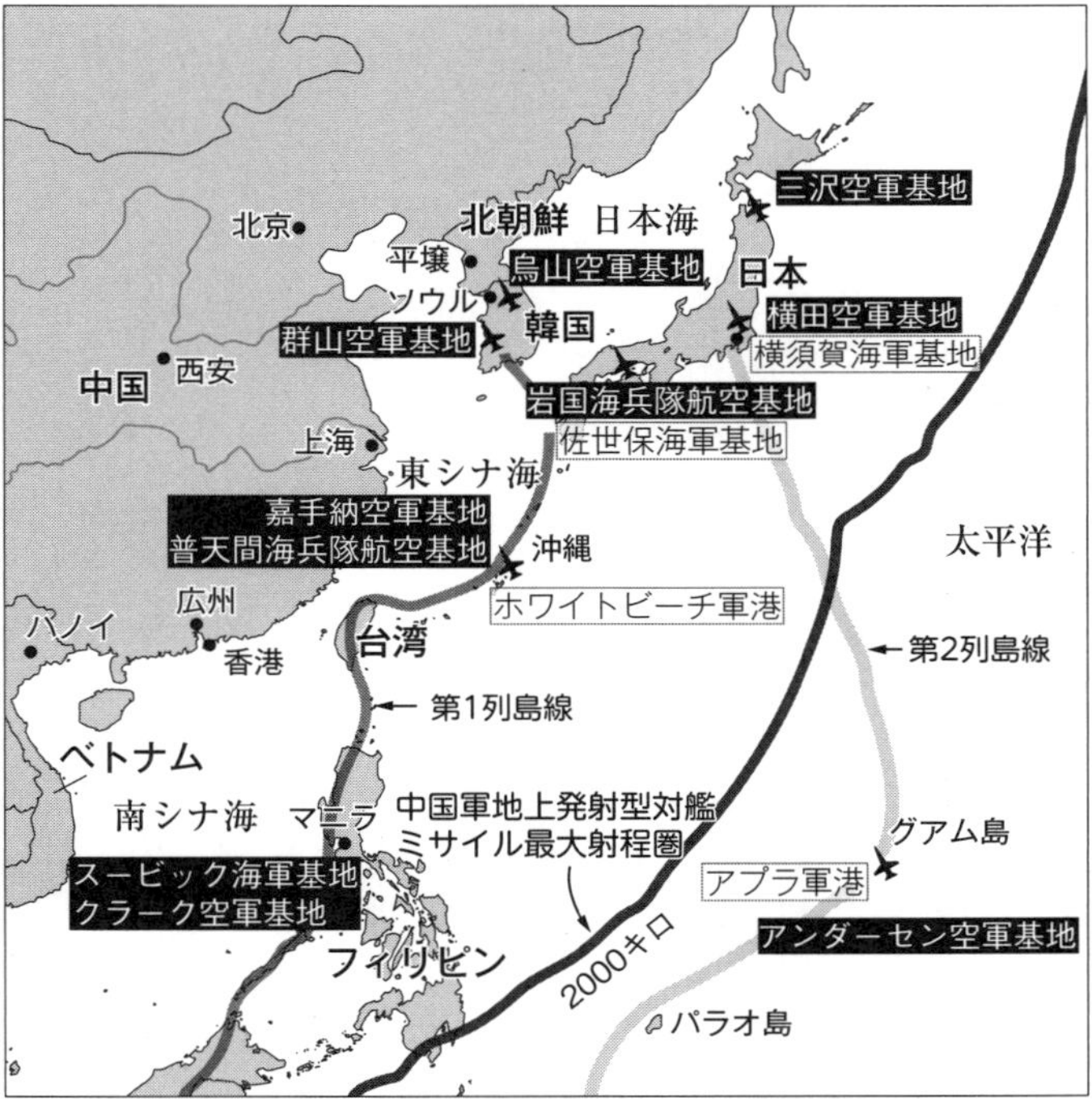

要するに中国自身の海軍戦略の概念を援用するならば、第一列島線以内の海域を中国海軍が完全にコントロールするのは、もちろん好ましくはないのだが、アメリカにとり、直接的な軍事的脅威にはならない。そのため、しばらくのあいだ、中国海洋戦力による優勢を黙認しておいても、アメリカの国益を揺るがすような事態にはならないであろう。

しかしながら、中国海軍が第一列島線から侵出し始めることはアメリカの国益を直接脅かしかねない。そのためトランプ大統領の政策目標のように、偉大なアメリカ海軍が復活を遂げた暁《あかつき》には、再び海軍の精鋭部隊を南シナ海や東シナ海に送り込んで、中国による絶対的優位という状態を解消するのだ。

もちろん、かつての「栄光のロイヤルネービー」（世界の海を制覇したイギリス海軍のこと）以来のシーパワーにおける海軍戦略の理想は、敵の海軍を敵の海岸線に釘付けにしてしまうことにある。しかし、現在はミサイル時代だ。「三五〇隻海軍」どころか「七〇〇隻海軍」が誕生しても、中国海軍を東シナ海沿岸域や南シナ海沿岸域に釘付けにし、動きがとれなくなるようにすることは不可能だ。

次善の策として、というよりは現代における最善の対中海軍戦略は、戦時において中国海軍を第一列島線に近づけなくしてしまうこと。それとともに平時においても、中国海軍が第一列島線内の海域を我が物顔で動き回れないよう、威圧できる態勢を確立することだ。

幸か不幸か、海軍力増強の望みが潰《つい》えたオバマ政権下に、中国海軍よりも劣勢な海軍力でありながら、中国海軍が第一列島線に近づくのを阻止する戦略がいくつか考えられた。が、オバマ政権下では、そのような戦略すら実施は不可能であった。そして、それらのアイデアは、オバマ政権の国防路線を引き継ぐ政権が誕生した場合には、夢と消え去る運命にあった。

ところが「偉大なアメリカの復活」、そのための「大海軍の復活」を標榜《ひょうぼう》するトランプ政権が誕生したのだから、中国海軍を第一列島線に接近させない戦略は、ようやく日の目を見ることになるのだ。

日系人ハリス海軍大将の主張

二〇一七年四月末、中国軍と対決する米軍の最前線である太平洋軍を束ねている日系人の海軍大将、ハリー・ハリス太平洋軍司令官が、「中国の海洋戦力と対峙するには、アメリカの海軍（海兵隊を含む）と空軍だけでなく、陸軍の役割も強化される時代となっている」という趣旨のアイデアを公言するようになった。

アメリカの陸軍では、「マルチドメインバトル」と称して、海洋での戦闘にも陸軍が果たす役割を希求している。そこに海軍提督であるハリス司令官が、伝統的な「海洋戦力にはより強力な海洋戦力で対抗する」という海軍の基本方針を離れ、中国に対しアメリカの陸軍力をも活用する戦略を推し進めようとした。

いうまでもなくハリス提督が口にしているアイデアは、巨大なアメリカ海軍が再構築されるまでのあいだ、中国海軍が第一列島線に近づくのを阻《はば》むための戦略の一つなのだ。そして、本書で紹介するグレートバリア戦略も、その戦略の具体案の一つである。

二〇一五年九月一七日、アメリカ連邦議会上院軍事委員会で、ジョン・マケイン上院議員が、ロバート・シャー国防次官補とハリス太平洋軍司令官に問い質《ただ》した。

「米軍は、南沙諸島で中国が建設している人工島周辺一二海里内海域で、何らかの軍事的示《じ》威《い》行動を実施してきたのか？」

これに対してシャー国防次官補は、次のように答えた。

「アメリカ海軍艦艇は、今年（二〇一五年）の四月に人工島に接近しましたが、一二海里内には入っておりません。我々が南沙諸島の一二海里内海域で示威行動を実施したのは、三年以上前、すなわち二〇一二年が最後です」

対中強硬派として知られるマケイン上院議員は、語気を荒らげて追及した。

「アメリカが中国人工島の一二海里以内で示威行動を実施していないということは、すなわち、中国による国際法を無視した領海設定の主張を暗黙裏《あんもくり》に承認していることになってしまう。中国が何と主張しようとも、人工島の周辺海域は純然たる公海である以上、アメリカの軍艦や航空機は、航行自由原則維持の示威通航をすべきである」

国連海洋法条約（正式名称：海洋法に関する国際連合条約）では、中国が人工島を建設している暗礁や、満潮時には海面下に没してしまう土地、それに人工島などは、領海の基準としては認められない。そう規定されている。したがって、米軍がそれらの人工島の周辺一二海里以内に軍艦や軍用機を無害通航（敵対的行動をとらないで単に通過すること）させないということは、国際海洋法の原則そのものを、中国の勝手な解釈に合わせてしまうことになる。そう、マケイン議員は警告したのだ。

「マケイン上院議員にまったく同感であります。メキシコ湾に『メキシコ』という語が付せられているからといって、それがメキシコの海ではないのと同じく、南シナ海（South China Sea）に『中国（China）』という語が付いているからといっても中国の海ではない。それは当たり前です」

ハリス海軍大将は、マケイン上院議員の指摘に賛同した。

「太平洋軍司令官の任務として、あらゆる担当海域において、アメリカ艦艇や航空機による示威行動を実施しなければなりません。もちろん、その権限は大統領と国防長官から付与されることになります」

このようにハリス司令官は、オバマ大統領あるいはアシュトン・カーター国防長官からの許可があり次第、アメリカ太平洋軍として中国に対し、断固たる姿勢を示すと明言した。ちなみにハリス海軍大将は、太平洋軍司令官に就任する以前は、南シナ海を担当海域にしていた太平洋艦隊司令官であった。

ホノルルの米軍中枢部での会話

この議会証言からしばらく遡《さかのぼ》るが、当時、太平洋艦隊司令官であったハリス海軍大将も出席して、ホノルル郊外の太平洋海兵隊司令部で、水陸両用戦に関する海兵隊ならびに海軍の高級将校による意見交換会が開かれたことがある。

太平洋海兵隊司令部は日本人観光客で賑《にぎ》わうワイキキから車で三〇分ほどの高台にある。かつて太平洋戦争時には、日本軍との激戦で傷ついた米軍将兵を収容するための病院施設として建設された古い建物に陣取っており、現在は「キャンプHMスミス」と呼ばれている。

キャンプHMスミスの一角、パールハーバーを一望のもとに見渡せる場所に、「サンセット・ラナイ」というパーティなどを執《と》り行う施設がある。そのサンセット・ラナイで、海兵隊司令部会議室での討議に引き続き、太平洋海兵隊と太平洋艦隊の将校の立食パーティが開かれた。

太平洋艦隊司令部は、パールハーバーの観光スポットにもなっているアリゾナ記念館のすぐ近くにあり、キャンプHMスミスには、坂道を車で一〇分ほど上れば到着する。このように、太平洋艦隊司令部と太平洋海兵隊司令部は隣接しているわけだが、両司令部の司令官や副司令官をはじめとした幹部将校が一堂に会しての懇親会は、しばしば行われるわけではない。

この日のパーティには、太平洋艦隊司令官ハリス海軍大将、ならびに太平洋海兵隊司令官テリー・ロブリング海兵隊中将を筆頭に、海兵隊側は大佐・中佐クラスの幹部級将校のほとんどが、海軍側は水陸両用戦に関係する高級将校が多数参加した。

多くの海軍将校にいわせると、「海兵隊の連中はユーモアのセンスに欠け、いつもシリアス過ぎる」ということになるのだが、この日のサンセット・ラナイでのパーティでも、自然と「古い友人」である中国人民解放軍、とりわけ昨今急速に戦力を強化してきている中国海洋戦力の話で盛り上がった。

ユーモアのセンスに富んだ海軍提督であるハリス司令官も話の輪に加わっていた。かねてより、中国の戦力増強に対しては強い態度で向き合うことが何よりも肝要と、事あるごとに語っていたハリス海軍大将は、

「ともかく中国人民解放軍は、調子に乗り過ぎている。それは、誰も本気で、つまり目に見

える形で、中国海軍にストップをかけようとしてこなかったからだ。我々は何とかして中国海洋戦力の増強にストップをかけるべく、ペンタゴン（国防総省）やキャピトルヒル（連邦議会）だけでなく、各方面に働きかけなければならない」

と、いつものように持論を繰り返した。

ハリス司令官に同行していた対中強硬派で鳴らす太平洋艦隊情報部長のジェームズ・ファラガット海軍大佐（仮名）も、これまた持論を切り出した。

「問題は、アメリカ政府や連邦議会はもとより、我が海軍のなかにも、中国海軍の増強度合いをそれほど脅威に感じていない人々が多過ぎるということだ。ホノルル（筆者注：太平洋艦隊司令部や太平洋海兵隊司令部など太平洋軍司令部に直属する米軍機関）にさえ、認識の甘い者が見受けられる、そんな体《てい》たらくだ」

中国の海洋戦力と対峙しているアメリカ海軍太平洋艦隊や太平洋海兵隊の情報将校は、日々膨大《ぼうだい》な量の中国海軍の情報と接している。ファラガット海軍大佐のポジションにある将校は中国海軍を知り尽くしているだけに、その戦力増強に対する警戒心が人一倍強いのが通例だ。

ファラガット海軍大佐の熱弁が始まった。

「中国人民解放軍は、とりわけ中国海軍は、東アジア地域では傍若無人《ぼうじゃくぶじん》にやりたい放題だ。まさに中国海軍は、東アジアでのさばる『いじめっ子』のようなもの――私はこのようなたとえ話をよくする。

昔、ハイスクールで、腕力の強い乱暴者が弱い者をいじめていた。クラスのみんなは乱暴者と関わりたくなかったし、いかにも強そうなので、見て見ぬ振りをしていた。すると乱暴者は増長して、ますます弱い者いじめをするようになった。ある日、意を決し、一人がいじめられっ子の前に立ちはだかった。乱暴者は、このような反撃を受けたことがなかったので、たじろいだ。そこで、弱い者いじめはやめろと、乱暴者の胸を人差し指で突くと、初めての経験に乱暴者は呆然《ぼうぜん》としてしまった。勢いを得たクラスメートの何人かが加勢したので、乱暴者はバツが悪そうに立ち去った。それ以降、弱い者いじめはなくなった――中国の海洋侵攻政策は、このような状況と考えられる」

傍《かたわ》らでファラガット海軍大佐のたとえ話を聞いていた海兵隊将校たちも同意した。

「まさにその通りだ。我々にとっての問題は、誰が、どのようにして猫の首に鈴を付けるかという具体策なのだ」

島嶼奪還ではなく島嶼防衛の意味

ファラガット海軍大佐が続けた。

「誰が？　という点に関しては、軍事力だけを考えると、東アジア版NATOが存在しない以上、日本とアメリカしかない。しかし、いくら安倍晋三《あべしんぞう》政権になったからといっても、すぐさま日本に期待することができないのは致し方ない（筆者注：太平洋艦隊などの日本周辺地域を担当している組織の情報将校や作戦将校は、憲法第九条をはじめとする日本独特の防衛事情をある程度は承知している）。したがって、何らかの手を打てるのは、我々米軍だけということになる」

日本通の海兵隊情報将校、グラント・スミス大佐（仮名）は、次のように語る。

「もっとも、ようやく自衛隊が水陸両用能力の構築に取りかかったという事実は、本日の会議で報告した通りだ。自衛隊が水陸両用戦のノウハウを獲得するのには、おそらく、そう時間はかからないだろう。しかし、日本が本気で我々とともに中国に対抗していこうという状況が生まれるかどうかは、そう楽観視できないと思うがね？」

日本が話題にのぼった以上、筆者も口を挟《はさ》まないわけにはいかない。

「たしかに、自衛隊はともかく軍事問題に関して、日本国民、とりわけ政治家たちの意識は、まだまだ『アメリカがなんとかしてくれる』という認識から抜け切れない状況だ。日本がある程度は自分自身で中国に対抗し、そのうえで日米同盟によって押さえ込む、などというたアイデアは、なかなか受け入れられそうにない。長いあいだ日米安全保障条約にすがってきた影響は、根深い……」

　これまで数回、自衛隊との合同訓練に参加した教育訓練担当士官であるジェフ・サンプソン海兵隊大佐（仮名）が続けた。

「もし日本が軍事的に中国から身を守ろうと腰を据えても、自衛隊の、いわゆる島嶼防衛構想では、最終的には米軍救援部隊が登場することが前提となっている。それだからこそ陸上自衛隊は、口を開くと『島嶼防衛』ではなく、『島嶼奪還』などといっているのだ。昨今の日米合同訓練では『島嶼奪還』シナリオがまかり通っているが、本気で『島嶼奪還』などを考えているのだろうか？」

　サンプソン海兵隊大佐が指摘した通りだ。近年の自衛隊による訓練や、日本政府やメディアが南西諸島の防衛を想定する際には、必ずといっていいほど、尖閣《せんかく》諸島が特殊部隊などの混入した武装民兵部隊などによって占領されるところから始まる。そして自衛隊が、米軍支援部隊とともに、占領されてしまった島嶼の敵を排除して奪還する、というシナリオになっている。

「実際に、我々海兵隊と自衛隊が水陸両用訓練を実施すると、日本のメディアだけでなく、日本の国防当局も、そのように考えているきらいがある。それだけではない。ここのところ陸上自衛隊とアメリカ陸軍の合同訓練でも、島嶼奪還訓練などが行われているのだから、我々海兵隊としては、驚きを隠せないでいる……」

海兵隊情報将校のスミス大佐が、顔をしかめる。

「我々の見解では、たとえ占領部隊そのものが強大な部隊でなくとも、また尖閣諸島のようなチッポケな無人島が占領された場合であっても、いったん島が占領されてしまえば、そこに上陸奪還部隊を送り込む以前に、本格的な軍事作戦を覚悟しなければならない。もっとも中国が占領するのは無人島ではなく、宮古島《みやこじま》や石垣島《いしがきじま》のような比較的大きな有人島ということになるだろう。島民を盾《たて》にできるので、自衛隊も我々も、手出しが難しくなる」

要するに、中国人民解放軍に占領されてしまった島を取り返すためには、占領している部隊を排除する以前に、その島と中国のあいだの補給線を遮断《しゃだん》しなければならない。それには、中国本土までの海域の上空と海上、そして海中で、中国軍が自由に活動できないようにしておく必要がある。この航空優勢と海上優勢の確保のためには、多数の航空機と艦艇、そして各種ミサイルを繰り出しての日中全面衝突が避けられない。このようなことを指摘しているのである。

「航空施設も港湾もない、ちっぽけな尖閣諸島などとは違って、宮古島には航空基地として使える宮古空港と下地島《しもじじま》空港があるだけでなく、平良《ひらら》港には大型駆逐艦や輸送艦も接岸できる。したがって中国人民解放軍航空部隊は、宮古空港や下地島空港を、戦闘機、爆撃機、大型輸送機などの本拠地とすることができるし、各種艦艇も平良港を本拠地にすることができるようになる。また宮古島には、各種レーダー装置や地対艦ミサイル、そして地対空ミサイルも設置されてしまう。そのうえ、宮古島には島民も生活しているのだ……」

サンプソン海兵隊大佐は、こう懸念を示した。

実際、海兵隊関係者たちは、日本に対する侵攻である以上、中国がそこまで腹をくくって対日軍事攻撃を実施するのであるならば、尖閣諸島ではなく、宮古島への侵攻のほうが格段に可能性が高いと考え、以下のように話している。

「もし宮古島が占領されてしまい、我々が奪還しなければならない事態に陥ってしまった場合、過去二〇〇年以上にわたって様々な水陸両用侵攻作戦を経験してきたアメリカ海兵隊にとっても、これほど悪条件がそろっている島嶼に侵攻した経験はない。島民のことを考えると、おそらく島嶼奪還戦略を実施することは見送られることになり、中国共産党政府と外交的に決着をつけるしかないであろう」

「ともかく、どこであれ島を占領されてしまった時点を、思考や訓練そして戦略の出発点にするのは大きな誤りだ。それだけは間違いない。占領された島を取り返す『島嶼奪還戦略』やそのための戦力を整備する前にやることがあるだろう」

結局、筆者も含め、海兵隊か海軍かを問わず、話に参加していた人々の結論は次のようなものであった。

「我々戦略家としては、宮古島や石垣島といった有人島はもちろん、尖閣諸島のような無人島といえども、絶対に占領されないための島嶼防衛戦略を打ち立てようではないか。できれば南西諸島に限らず、中国がいうところの第一列島線に人民解放軍が足場を築いてしまわないよう、島嶼防衛戦略を用意しよう」

こうしてサンセット・ラナイでの会談はお開きになった。

エア・シー・バトル構想とは何か

先ほども指摘したように「海兵隊はいつもシリアス」である。そして海兵隊将校だけではなく、討論に加わっていた対中強硬派の将校たちは、いずれも海兵隊に負けず劣らず真剣であった。

そのため後日、戦略論や戦術論、それに戦史などの理論家や軍事計画立案経験者などの協力を得て、日本の南西諸島を中国人民解放軍の侵攻から守るための「実現可能性のある具体的な戦略と行動」について、本格的な研究がスタートした。

ただし、私的なプロジェクトといっても、軍事動向や兵器システムに関する最新データを入力したコンピュータ・シミュレーションによる検証も行うなど、少なくとも戦略概念や作戦計画の作成手順は、実戦に準ずるものである。

こうして始まったプロジェクトだが、しばらくすると、「中国はアメリカ海洋戦力の接近を中国沿岸域からできるだけ遠方で阻止するという確固たる軍事戦略に基づいて、東シナ海侵出を着実に推し進めているが、それに対するアメリカや日本には、中国の戦略に比肩し得るような軍事戦略があったのか？」という素朴だが深刻な疑問が持ち上がった。

「中国が、東シナ海と南シナ海、それに台湾を制覇して海洋侵出戦略を推し進めるには、アメリカ第七艦隊と海上自衛隊、それに日本を拠点とする日米の航空戦力と拮抗《きっこう》する強大な海洋戦力を手にしなければならない」——そう我々は考えていた。もちろん、中国人民解放軍はそのような努力を続けている。しかしながら中国海軍が、アメリカが誇る空母打撃群だけでなく、海上自衛隊の潜水艦戦隊や多くの駆逐艦などに挑戦するには、かなりの年月を要するものと信じていた。

パールハーバーから、有事の際の軍用道路として造られたH3フリーウェイを三〇分ほどドライブすると、H3の終点であるカネオヘ湾に面する海兵隊基地（MCBH：海兵隊ハワイ基地）に到着する。基地には、数ある米軍基地内のゴルフ場のなかでも最も美しいといわれるクリッパーゴルフ場がある。そのゴルフ場を見下ろす高台に将校クラブがあり、我々は時折そこに集まり、プロジェクトの意見交換をした。

この日も、退役情報将校であるカール・シュスター海軍大佐（退役）の熱弁が始まった。中国人民解放軍の戦略や戦力について太平洋軍を指導し、現役将校たちが通う大学院でも教鞭《きょうべん》を執っているシュスター海軍退役大佐は、口を開くと何時間でも話が止まらない。

「中国が空母機動部隊を二〜三セット用意して、強力な水上戦闘艦や潜水艦を多数取りそろえ、数多くの戦闘機や攻撃機を手にするなど、夢物語に近いのではないか……と考えるほうが常識的だった。日本でもそう考えられていただろう？　いまだって、そのように考えている人のほうが多いかもしれない。しかし、こうした考えは『海洋戦力にはより強力な海洋戦力で対抗する』という伝統的スタンスに基づく発想であって、しばらくのあいだもてはやされていたアメリカのＡＳＢ構想も、まさにその代表格だった」

ＡＳＢ構想とは、エア・シー・バトル構想と呼ばれる空軍と海軍を一体運用する方針の略語。中国海洋戦力の目に見える増強に対抗すべく、アメリカの民間軍事シンクタンクの発案によって米軍が打ち出した対抗策であった。

サンプソン海兵隊大佐も同意した。

「たしかに、中国の海軍戦略に対抗しようとして生み出されたＡＳＢ構想は、一時はもてはやされていたが、とても戦略なんて呼べる代物《しろもの》ではなかった。我々（米軍）が停滞しているあいだに、彼ら（中国人民解放軍）は飛躍的に戦力を強化してＡ２／ＡＤ戦略（各種ミサイル戦力によるアメリカ海洋戦力の接近を阻止する戦略）を着実に推し進めてしまったことは間違いない。このまま手をこまねいているだけでは、ますます中国が有利になる。そのことは当然なのだが、ワシントン（アメリカ政府）は効果的対抗策を立てようとしていない……」

それだからこそ中国の海洋侵出戦略に対抗するため、ＡＳＢ構想のような小手先《こてさき》の作戦計画ではなく、我々自身の対抗戦略を打ち立てるのである――。

軍事史を覆す戦略の誕生

我々のプロジェクトは一年以上にわたり続けられた。ただし、海軍や海兵隊の将校たちも筆者も常にハワイにいるわけではない。巨大な海軍施設があるサンディエゴ、その軍港からＩ５フリーウェイを車で四〇分ほどの距離にあるペンドルトン海兵隊基地、戦略原潜基地や情報収集航空隊基地、それに空母艦隊の母港などが点在するシアトル周辺などに拠点が散らばっているため、ネットで意見を交換した。

とはいうものの、頻繁《ひんぱん》にハワイやサンディエゴ（半年は雨期で、夏も涼しいシアトルエリアは、あまり人気がない）に集まって議論を交わしながら、南西諸島だけでなく、第一列島線を中国の覇権主義的な海洋政策から守り抜くため、東シナ海と南シナ海に中国海軍を封じ込めるための軍事戦略を考案した。それが「グレートバリア戦略」だ。

久しぶりにカネオへの海兵隊ハワイ基地将校クラブに集結した我々を前にして、頭のなかには古今東西の海戦史や戦略論が詰まっており、それら先人の経験をもとに将来を予見するシュスター海軍退役大佐が口火を切る。

「中国が西太平洋での米中激突に勝利するために前進拠点を確保する場合、占領して軍事拠点化しても防御に多大な困難がともなう尖閣諸島よりは、先島諸島の一角、おそらくは宮古島をまず占領するものと考えるのが至当である」

島嶼での戦闘は海兵隊の領分だ。

「宮古島にせよ石垣島にせよ、いったん占領されてしまったら、取り戻すのは至難の業《わざ》だ。なんとしてでも、中国人民解放軍に占領させない戦略を打ち出さなければならない。この戦略なしで、初めから奪還作戦などといっているようでは、軍事組織としての資質を疑われる」

こう、サンプソン海兵隊大佐が、日本における風潮を手厳しく指摘する。

シュスター海軍退役大佐が続ける。

「島嶼を占領させないためには、中国人民解放軍の上陸侵攻部隊を、島嶼の海岸線に寄せつけないことが必要不可欠だ。このことは、古今東西の戦史、とりわけ太平洋での日米間の豊富な戦例が物語っている。そのためには、イギリス海軍以来の島嶼防衛の鉄則である、敵侵攻部隊を一歩たりとも上陸させないという戦略が必要となる。

かつてこの鉄則は、強力な海軍を用いて実施していた。やがて航空戦力の発達に伴い、強力な海上戦力と航空戦力によって実施されるようになった。真珠湾攻撃以降、現在に至るまで、アメリカ海軍が立案する戦略は、海洋戦力には空母機動部隊を中心とした戦力で対抗する、というものであり、現在でもアメリカ海軍の表看板は空母打撃群である。

こうシュスター海軍退役大佐が述べたように、トランプ政権は、「海洋戦力にはより強力な海洋戦力で対抗する」という伝統的戦略実施のための戦力を強化して、「偉大なアメリカ」を復活させようとしているのだ。

現代ミサイル戦の専門家であり、とりわけ長射程ミサイルのコストパフォーマンスは常に心に留めておかねばならないと口にするケネス・ウェード海軍大佐（仮名）が続ける。

「しかしながら、東シナ海の地勢と、中国が構築しているA２／AD戦略とを前提にした場合、海洋戦力にはより強力な海洋戦力で対抗するという伝統的な海軍戦略ではなく、皮肉なことに中国のA２／AD戦略の裏返しが効果的かつ現実的な防衛戦略ということになる。すなわち、南西諸島を中心として与那国島《よなぐにじま》から対馬《つしま》に至る東シナ海日本沿岸ラインに、極めて強力な地対艦ミサイルバリアを構築して、中国人民解放軍の侵攻部隊を寄せつけない防衛態勢を固めるのだ」

——我々は、この中国侵攻軍に対抗するための戦略を「グレートバリア戦略」と名づけた。グレートバリア戦略は、南西諸島という地形的特質を生かすことによって、海洋戦力にはより強力な海洋戦力で対抗するという伝統的戦略とは一線を画した、まさに新機軸の防衛方針なのだ。

グレートバリア戦略によると、東シナ海の第一列島線上に長大なミサイルバリアを築き上げ、そのミサイルバリアによって、日中そして米中間の軍事的緊張が高まった場合には、中国艦船が東シナ海から太平洋と日本海に抜け出ることを阻《はば》み、戦時の際には、東シナ海を渡って南西諸島などに近づいてくる中国海軍を撃退することになる。

地対艦ミサイルを中心とした各種ミサイルを主たる戦力とするグレートバリア戦略の真の目標は、日本の島嶼ラインに攻め寄せる敵艦艇を打ち払うことだけではない。むしろ、そのような強靱《きょうじん》な攻撃力を中国共産党指導部に認識させることにより、中国人民解放軍による無謀な対日上陸侵攻作戦を事前に諦《あきら》めさせることにある。

このグレートバリア戦略には、一つの大前提がある。すなわち、この戦略は、中国の海洋戦力による侵攻の企《くわだ》てを抑止、あるいは撃退するために策定されたものであるという点。そのため、中国の潜水艦戦略あるいは長射程ミサイル戦略には、グレートバリア戦略ではなく、対潜水艦戦略や対長射程ミサイル戦略が必要となる（対長射程ミサイル戦略に関しては拙著『巡航ミサイル1000億円で中国も北朝鮮も怖くない』講談社＋α新書を参照）。

また中国は、日本の戦略的インフラが灰燼《かいじん》に帰すような、国家を破滅させてしまうだけの核戦力を保有している。その究極的破壊兵器を用いた戦略に対抗するためには、通常戦力レベルの国防戦略であるグレートバリア戦略は役に立たない。独自の核抑止戦略が必要なことはいうまでもない。

中国侵攻艦隊の接近を阻む仕組み

グレートバリア戦略によって、対馬から九州、そして南西諸島を経て台湾に至る東シナ海の第一列島線に侵攻を企てる中国海洋戦力は、どのようにして撃退されるのであろうか？

東シナ海と西太平洋を区切っている第一列島線は、中国から見ると、東シナ海に築かれた「自然の柵《さく》」のようなものだ。その「自然の柵」を利用して実施されるグレートバリア戦略は、以下のような大きな流れによって作動する。

① 敵艦隊接近の監視

先島諸島をはじめとする東シナ海沿岸への上陸侵攻を企てる中国侵攻艦隊が、南西諸島のいくつかの島々や九州の数地点で配置に就く陸上自衛隊「グレートバリア戦闘団」の地対艦ミサイル射程圏内に完全に入り込むまでは、航空自衛隊と海上自衛隊の哨戒機《しょうかいき》や早期警戒機、それに無人偵察機などによって厳重に監視し、情報分析を進める。

② 地対艦ミサイルの連射

中国侵攻艦隊が地対艦ミサイルの射程圏内に入った場合、警戒監視を続けている自衛隊機や、遠巻きにして監視する海上自衛隊駆逐艦などとのデータリンクによって、宮古島、石垣島、久米島《くめじま》に配備されているグレートバリア戦闘団から地対艦ミサイルを大量に連射する。発射された地対艦ミサイルが中国侵攻艦隊に到達するのは一〇～一五分後である。

③ 地対艦ミサイルの敵艦艇突入

自衛隊が発射した地対艦ミサイルが中国侵攻艦隊に肉薄すると、それぞれの中国艦に積載してあるコンピュータ制御対空戦闘システムは、飛来してくる自衛隊地対艦ミサイルに対し、次から次へと艦対空ミサイルを連射する。グレートバリア戦闘団は、中国艦隊の防空能力を上回る数の地対艦ミサイルを発射するため、中国艦隊から迎撃用艦対空ミサイルや連装速射機関砲が全弾発射された後にも、地対艦ミサイルは引き続き中国艦隊に突入し、着弾することになる。

④ 残存中国艦艇に対する航空攻撃

グレートバリア戦闘団の地対艦ミサイル攻撃により中国侵攻艦隊の対空戦闘能力は壊滅に近づいており、自衛隊航空機が接近しても、海上からの攻撃は恐れるに足りない。もし、作戦行動できる状態の中国艦艇が存在していた場合は、戦闘攻撃機や哨戒機による対艦攻撃が実施される。

⑤ 海自艦艇による残敵処理

中国侵攻艦隊があらゆる戦闘能力に大損害を受け、多くの艦艇は沈没あるいは航行不能となり、波間を漂っている状態となる。そのような海域へと急行した海上自衛隊の艦艇により、場合によっては残敵掃討戦が行われる。その後、中国艦艇の武装解除と生存者の救助活動が実施される。

グレートバリア戦略の主戦力

伝統的な海軍戦略で敵海洋戦力の侵攻を打ち砕くケースでは、こちらも軍艦や航空機を中心とした海洋戦力を繰り出し、海洋戦力同士が衝突するという構図が想定されていた。そこでは、味方の艦隊や航空戦力が敵侵攻艦隊に敗れた場合、海岸線で待ち受ける陸上防衛軍が侵攻軍の上陸を阻止し、あるいは海岸部から内陸に引き込んで侵攻軍との「本土決戦」に最後の望みをかける、といったシナリオであった。

ところがグレートバリア戦略における陸上戦力（本書では「グレートバリア戦闘団」と名付けている）は、海岸線や内陸部で敵侵攻軍を待ち受けている受動的な防衛戦力ではない。海洋戦力とともに、敵侵攻軍が沿岸域に接近してくる以前に、地対艦ミサイルによって敵艦艇に攻撃を加えて撃退する役割を負う、積極的な防衛戦力として位置づけられている。

実はグレートバリア戦略で活躍が期待されている地対艦ミサイルは、現代の先端兵器システムのなかでは、決して高価な部類に入らない。しかし、その比較的リーズナブルな兵器が、実はすごい威力を発揮する。ただし、「効果的に使われた場合には」という条件が付くのではあるが。

この点に関して、ミサイル戦専門家のウェード海軍大佐は、次のように語る。

「地対艦ミサイルは、アメリカでは日陰者だが、実は非常に強力な兵器なのだ。そして、その地対艦ミサイルを語る際に極めて興味深いのは、米軍の現状だ。昨今、国防予算が大幅に削減されたため戦力低下に喘《あえ》いでいるとはいっても、依然として米軍は、ありとあらゆる兵器システムを取りそろえている。しかしながら、そのような米軍といえども地対艦ミサイル部隊は保持していないし、そもそも地対艦ミサイルそのものを保有していない」

シュスター海軍退役大佐もうなずいて語る。

「南北をカナダとメキシコに挟まれているアメリカ本土（ハワイ州とアラスカ州を除いた四八州とワシントンＤＣ）は、太平洋と大西洋という広大な海洋で、アジア大陸やヨーロッパ大陸と隔てられている。そのためアメリカ国防当局は、自国の海岸線沿岸域での防衛は、ほとんど考えていない。もちろん、本土決戦などまったく想定していない。

だからこそ、沿岸海域での迎撃戦に威力を発揮する地対艦ミサイル部隊を運用する必要性を認めていない。したがってアメリカの軍需産業も、地対艦ミサイルには関心を示さず、製造してもいないというわけだ」

もっとも、アメリカに限らず国際的にも、地対艦ミサイルはポピュラーな兵器とはいえず、さほど多くの国々で開発・製造されているわけではない。

一方、アメリカ海洋戦力の接近を阻止する戦略を推し進めてきた中国は、地上から発射するもの、水上艦艇から発射するもの、航空機から発射するもの、それに潜水艦から発射するものと、様々なタイプの艦艇攻撃用ミサイルシステムの開発を続けている。地対艦ミサイルだけをとっても、短距離攻撃用から長射程攻撃用まで、各種を取りそろえている。

またロシアも、直接自国の防衛に役立てるというより輸出用兵器として、高性能地対艦ミサイルを生み出している。

何といっても海軍力を建設するには莫大《ばくだい》な金がかかるため、十二分な海軍力を持つことができない国々にとって、比較的手頃な価格の地対艦ミサイルは、沿岸防衛兵器として最適である。そのためロシアの地対艦ミサイルは、そうした国に対して輸出され、ロシアにとっては効率のよい外貨獲得手段となっているのだ。

中国やロシアと違って、いわゆる西側諸国ではノルウェーやデンマークなどが、艦対艦ミサイル（軍艦から敵艦艇を攻撃するミサイル）や空対艦ミサイル（航空機から敵艦艇を攻撃するミサイル）を地上から発射する地対艦ミサイルに改造して配備している。

スウェーデンが開発・製造し配備しているRBS15KA地対艦ミサイルは、高性能で勇名を馳《は》せており、さらに強力な新型対艦ミサイルを開発中である。このように強力な対艦ミサイルを国産しているスウェーデンは、国際的にも珍しく地対艦ミサイル部隊を常備しており、RBS15KA地対艦ミサイルを装備する部隊は、スウェーデン水陸両用軍団と呼ばれている。

この部隊はスウェーデン海軍に所属する沿岸防衛部隊であり、その前身は一九〇一年に設立された沿岸砲兵軍団。二〇〇〇年に沿岸砲兵軍団が廃止されると、海岸線での防衛を担当する海兵隊と合体される形で水陸両用軍団として生まれ変わった。その任務は、地対艦ミサイルの運用、沿岸への機雷敷設《ふせつ》、それに沿岸域での水陸両用戦闘とされている。

日本は「地対艦ミサイル先進国」

スウェーデン水陸両用軍団よりも充実した地対艦ミサイル部隊を常備している世界的に稀《け》有《う》な国がある。それが日本だ。そして、日本もスウェーデン同様、自国で地対艦ミサイルを開発・製造している西側諸国では珍しい国なのである。

陸上自衛隊には「地対艦ミサイル連隊」と呼ばれる地対艦ミサイルに特化した部隊が設置されており、現在、五個部隊が編制されている。この世界でも稀《まれ》に見る地対艦ミサイル連隊は、もともとはソ連軍の侵攻に備えるためのものだった。このときに陸上自衛隊が装備していた地対艦ミサイルを、島嶼防衛に流用するために組織されたのだ。

現在の地対艦ミサイル連隊の編制は、冷戦終結後の一九九二年から始まった。が、初期の構想を受け継いで、北海道方面に集中的に配置されていた。当初は六個連隊が編制されていたが、ロシアの脅威が縮小したため、大幅に削減されることとなった。しかし、中国の南西諸島方面への侵出姿勢に対応して縮小は一個連隊にとどまり、今後も五個連隊体制が維持されることになっている。

世界でも稀な地対艦ミサイル連隊が装備している地対艦ミサイルは、日本が独自に開発・製造した「88式地対艦ミサイル」（公式名称「88式地対艦誘導弾」）ならびに「12式地対艦ミサイル」（公式名称「12式地対艦誘導弾」）である。

88式地対艦ミサイルは、射程が一五〇キロ以上（米軍やNATO軍と違い、日本の国防当局は国産兵器データを極度に公表したがらないため、最大射程は公表されていない。米軍では一八〇〜二〇〇キロと推定している）で、飛翔速度は一一五〇キロ／時（米軍ではマッハ一・五と推定している）と考えられている。それぞれレーダー装置、射撃統制装置、射撃管制装置、データ中継装置、ミサイル発射装置、それにミサイル運搬車両から構成されており、それらの装置はすべてトラックに積載されて陸上を自由に移動することができる。

このように、88式地対艦ミサイルに限らず、現代の地対艦ミサイルという兵器は、発射装置、レーダー装置、各種制御装置など、いくつかのコンポーネントから構成される最先端兵器システムである。そのため厳密には「地対艦ミサイルシステム」と称すべきであるが、本書では単に地対艦ミサイルと記す。また、この地対艦ミサイルシステムが発射する飛翔体、狭義の地対艦ミサイルは、ミサイル本体と称することとする。

さて、この地対艦ミサイルは、世界で初めて地形回避飛行能力（超低空を飛行するミサイルが、地上の地形を認識しながら障害物を避けつつ飛翔する能力）を持っている。これは、陸上自衛隊の地対艦ミサイルの運用が当初は北海道に侵攻するソ連軍を想定していたため、付加された機能である。

すなわち、北海道沿岸域に迫り来るソ連侵攻艦隊に対して、陸上自衛隊地対艦ミサイル連隊が海岸線付近に展開した場合、ソ連艦艇からの砲撃やミサイル攻撃にさらされてしまう。そこで地対艦ミサイル連隊は海岸線ではなく内陸奥深くに潜み、沿岸海域に接近したソ連艦艇を内陸から攻撃して撃破する、そうした戦術を立案したのだ。そのため、一〇〇キロ以上も低空飛翔するという、対艦ミサイルとしては極めて稀なミッションのために開発されたのが、陸上自衛隊の地対艦ミサイルなのである。

一方、やはり日本が独自に開発・製造した12式地対艦ミサイルは、目標捕捉能力をはじめとする攻撃性能が向上した88式地対艦ミサイルの改良型であり、日本独自の地形回避飛行能力も継承した高性能兵器である。最大射程は二〇〇キロ程度に延伸しているものと考えられている。

12式地対艦ミサイルは、88式と同じく、ミサイル発射装置、レーダー装置、射撃統制装置など、システム構成ユニットがそれぞれトラックに積載される地上移動式兵器である。88式の場合、原則として遮蔽物《しゃへいぶつ》のない地点から発射するため、敵に発射車両を発見される可能性が高かったが、12式は遮蔽物の陰から攻撃可能となり、飛躍的に隠匿性《いんとくせい》が高まった。

二〇一七年現在、陸上自衛隊が運用している五つの地対艦ミサイル連隊のうち、新型の12式地対艦ミサイルを装備しているのは一個連隊（第五地対艦ミサイル連隊）だけであり、いまだに主流は88式である。いずれにしても、各地対艦ミサイル連隊は、それぞれ六発のミサイル本体を装填《そうてん》した発射装置を積載する発射車両一六両と六発の予備ミサイルを携行する装填車両一六両を装備しており、最大九六発のミサイル連射能力と、短時間の装填作業後に引き続き九六発を連射する能力を保有している。

ただし、以下本書で紹介するように、九六発の連射能力程度では、強力な抑止力としてはやや心許《こころもと》ない。完璧に近いミサイルバリアを構築するには、現在の三倍から四倍の連射能力が必要となる。幸い、指揮統制装置やレーダー装置、あるいは発射装置などのミサイルシステム構成ユニットを増強することにより、技術的には問題なく実現可能だ。

正真正銘の国産兵器（防衛装備）である88式地対艦ミサイルも12式地対艦ミサイルも、ミサイル本体はじめ発射装置や制御装置、その運搬用大型車両に至るまで、すべて三菱重工業が製造している。そのため国防当局（と国会）のゴーサインさえ出れば、12式地対艦ミサイルの大量製造は容易だ。

実は、いま超高性能空対艦ミサイル（ＸＡＳＭ３）の開発が進められている。が、完成予定の二〇二三年を待っていたのでは遅すぎるため、とりあえずは既に完成している12式地対艦ミサイルを大量に生み出す必要がある。

国防当局の秘密主義も相まって、日本の地対艦ミサイル事情は、同盟軍である米軍関係者のあいだにも知れ渡ってはいない。ところが、中国に対するASB構想の無効性が論じられるようになって、アメリカの一部戦略家たちは、遅ればせながら同盟国日本には素晴らしい地対艦ミサイルが存在することを認識したようだ。また陸上自衛隊には、世界各国の軍隊でも稀な地対艦ミサイル連隊が存在し、実戦経験こそないものの、地対艦ミサイルの運用に関しては経験を積んでいることにも着目し始めている。

日本の地対艦ミサイルの実情を知った米軍将校たちは、異口同音《いくどうおん》に次のような反応をする。

「日本の地対艦ミサイルは現時点でもすごいではないか。これなら中国やロシアの地対艦ミサイルを凌駕《りょうが》する可能性が十分あるぞ。日本にとって地対艦ミサイルバリアの構築は技術的にはさしたる問題ではなく、極めて現実的な戦略である。もちろん予算の捻出をはじめとして政治的なハードルが立ちはだかっているのは、日本にとってもアメリカにとっても頭が痛い問題……ただこの問題は、万国共通だ」

このように日本は、世界に誇れる極めて高性能な地対艦ミサイルを開発しているだけでなく、世界でも稀な地対艦ミサイル連隊が常備されている「地対艦ミサイル先進国」ということができる。まさに日本は、地対艦ミサイルを用いるグレートバリア戦略を実施する実力を備えているのだ。

専守防衛に最適な地対艦ミサイル

「それだけではない――」

サンプソン海兵隊大佐が続ける。この日はホノルルのダウンタウンにある民間軍事会社の一室で、イージス駆逐艦の戦闘情報センターの情報スクリーンを再現したシミュレーターを前にして、意見交換会が行われた。

「地対艦ミサイルは、敵の艦隊が侵攻してきたときにのみ火を噴く完全に防御的な兵器システムであり、まさに日本でいわれている専守防衛的な兵器ということができる」

たしかに、陸上を移動できるとはいっても、たとえば宮古島に配備された地対艦ミサイルは宮古島から出撃することはできない。したがって、宮古島に敵の艦艇が向かってこない限りは使い物にならない。完全な専守防衛兵器ということになる。さらにサンプソンが続ける。

「アメリカの伝統的防衛戦略の根底に流れている基本姿勢は、敵を待ち受けるのではなく、こちらから積極的に出かけて行って、できるだけ遠方で敵をやっつけるというもの。つまり先制攻撃的な防衛方針だ。したがって、真珠湾攻撃や九・一一同時多発テロのように、アメリカの領域が敵の攻撃を受けると、ヒステリックといっていいほどに怒り狂って反撃することになる。このような気質が骨の髄《ずい》まで沁み込んでいるため、中国人民解放軍が攻めてくるのをじっと待ち受けて地対艦ミサイルで迎撃しようといった発想が、なかなか湧いてこないのだ」

軍事外交専門の大学院で戦略論講座を担当するシュスター海軍退役大佐が語り始めた。

「敵が軍艦や航空機を連《つら》ねて迫ってくるならば、こちらも軍艦と航空機を繰り出して、できるだけアメリカ本土から遠い海洋上で撃破してしまおうというのが、アメリカの伝統的防衛姿勢だ。だから海兵隊だけでなく、陸軍だって、アメリカ本土で敵と戦うという発想はない。敵地に乗り込んで戦うための準備と訓練をしている、というわけなのだ。

このような戦略思想が骨の髄まで沁み込んでしまっているから、南西諸島やフィリピンに地対艦ミサイルを設置して、中国艦隊を待ち構えようという、東シナ海や南シナ海の地形を活用した戦略はピンとこない。一方、アメリカと違って常日頃、専守防衛といっている日本では、地対艦ミサイルによって待ち構えるという発想は、すんなり受け入れられるのではないだろうか」

まさに、専守防衛に徹する地対艦ミサイルによる防衛戦略こそ、日本にぴったりということとになる。

九〇〇発のミサイルで完璧防御

万が一にもグレートバリア戦略が発動された場合、我々が理想とする成功の姿は、東シナ海を押し渡って侵攻してくる中国艦艇をことごとく撃破してしまうことである。このような理想を達成するには、グレートバリア戦闘団が中国侵攻艦隊の防御戦力（対空ミサイルや対空機関砲など）を凌駕《りょうが》するだけの多数のミサイルを手にしていなければならない。

この点に関してシュスター海軍退役大佐は、次のように語る。

「かつて軍艦同士の砲戦では、膨大《ぼうだい》な数の砲弾が飛び交ったものだ。それは、現代のミサイルとは違う。不安定な海上に浮いている軍艦からぶっ放す大砲の命中率は、驚くほど低かったからだ。そのため、できるだけたくさんの砲弾を敵艦めがけて発射しなければ、命中させることができなかった。

しかし現代のミサイル戦では、百発百中に近い命中率が前提となる。したがって、我がほうが発射する地対艦ミサイルの九九パーセント近くは、狙った敵艦めがけて飛んで行くことになる。ところが、敵艦が発射する防御用対空ミサイルもまた極めて精度が高く、自艦に向かってくるミサイルを的確に発見し捕捉できさえすれば、かなり高い確率で撃墜することができるようになった。もっとも、対艦ミサイルに対する防御戦には少なくとも二発の対空ミサイルを発射することになり、さらに機関砲でバックアップ態勢をとる必要があるのだが。いずれにせよ、対艦ミサイルの命中率も迎撃用対空ミサイルの命中率も、ともに高いため、結局は、敵が発射するミサイルよりも多数のミサイルを発射しなければ、攻撃側も防御側もミサイル戦に勝利することはできない。つまり、昔の砲戦と同じく現代のミサイル戦でも、数が決め手となる『サルボの原則』は不変なのだ」

敵艦を攻撃するためのミサイルの数が多ければ多いほど有利になるであろうことは、軍事専門家でなくとも常識的に理解できるところである。しかしながら、地対艦ミサイルに限らず、あらゆる兵器には予算と人員の制約がある。配備するミサイルの数が少なければ抑止効果は期待できない。逆に、過剰なくらい多ければ、抑止効果は期待できても、予算と人員の無駄遣いとなってしまう。

そこで我々は、撃退する対象である中国侵攻艦隊の防御用ミサイルの数量から逆算することによって、グレートバリア戦闘団が手にすべき地対艦ミサイルの数量をはじき出した。本書は作戦計画書ではないため詳細は割愛《かつあい》するが、中国海軍が最強の侵攻艦隊を宮古島に差し向けてきた最悪の事態には、それぞれ三〇〇発の地対艦ミサイルを保有するグレートバリア戦闘団を、宮古島、石垣島、久米島に配備すれば完璧という見積もりとなった。地対艦ミサイルの合計は九〇〇発ということになる。

東シナ海グレートバリアの形成

中国侵攻艦隊が押し寄せてくるのは宮古島に限らない。与那国島から南西諸島、それに九州を経て対馬に至る第一列島線を形作る島嶼や海岸線は、すべて危険地帯である。

そこで三〇〇発の高性能地対艦ミサイルを手にしたグレートバリア戦闘団を、石垣島、宮古島、久米島、奄美大島《あまみおおしま》、薩摩半島南西部、平戸島《ひらどしま》に展開し、できれば与那国島、沖縄本島、天草下島《あまくさしもしま》にも配備するのだ。こうなれば、日中間（あるいは米中間）に軍事的緊張が高まったときも、中国艦艇は、南西諸島沿海域に接近することはほぼ不可能となる。

地上部隊であるグレートバリア戦闘団自身には、接近してくる敵艦隊や航空機を早期に発見する能力は備わっていない。したがって、那覇《なは》と佐世保《させぼ》を本拠地とする海上自衛隊艦艇と、同じく那覇、鹿屋《かのや》、新田原《にゅうたばる》、それに築城《ついき》基地などから出動する航空自衛隊ならびに海上自衛隊の各種航空機によって、厳重な警戒監視態勢が敷かれる。それらの警戒網とグレートバリア戦闘団のあいだでは、すべてネットワーク化された完全な陸海空統合指揮統制システムが確立されることになる。

艦艇や航空機によって厳重な警戒を行って、敵航空機の接近を阻止するとはいっても、長

図表２　東シナ海グレートバリア

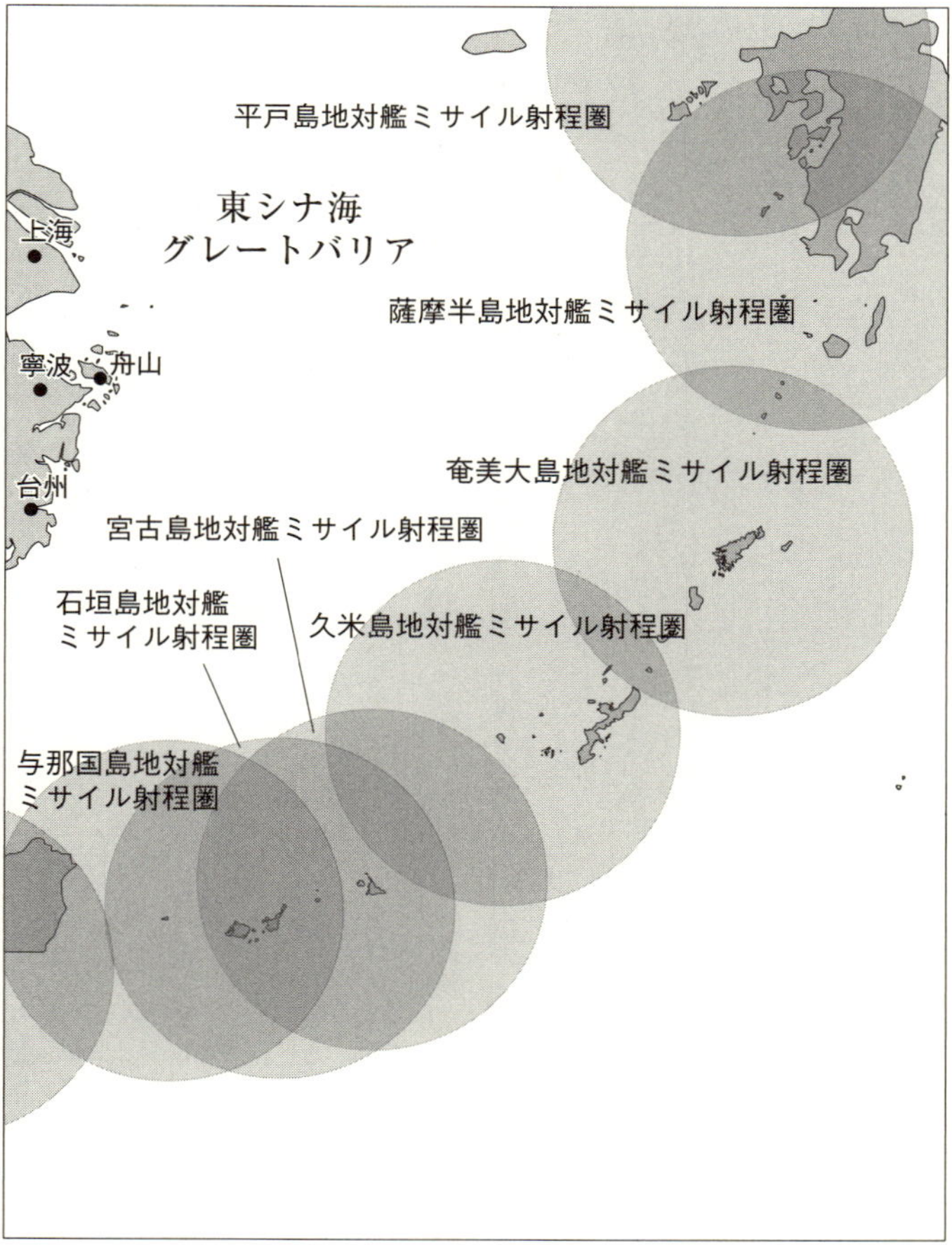

距離巡航ミサイルや無人攻撃機などがグレートバリア戦闘団に肉薄する可能性は否定できない。そこで、それぞれの戦闘団は地対艦ミサイルだけでなく、自ら周辺の空域に飛翔してきた敵の物体を撃墜するための高性能防空ミサイルシステムも保有する。そして、万が一にも敵特殊部隊が破壊工作のために上陸してきた場合に備え、対抗し得る特殊戦能力と水陸両用戦能力を持つ少数精鋭の警備部隊も併設される。

このように、侵攻を企てる敵艦艇を二〇〇～二五〇キロ沖合で撃破する迎撃能力に加えて、自らの身は自らで守る防御戦力をも兼ね備えたグレートバリア戦闘団が、第一列島線上に六部隊から九部隊派遣される。加えて、那覇に常駐する海上自衛隊戦力と航空自衛隊戦力を強化し、陸海空統合指揮統制システムが機能すれば、東シナ海の第一列島線に侵攻を企てる中国海洋戦力（ただし、後述するように潜水艦戦力は除く）の接近は、ことごとく阻まれるのである。

――これによって「東シナ海グレートバリア」が完成する。

第二章　大反撃を受ける中国

中国海軍を「広大な池」のなかに

グレートバリア戦略の目的は、東シナ海沿岸域に侵攻する中国海軍を撃退する態勢を確立することによって、中国による東シナ海完全支配の目論見《もくろみ》を抑止することにある。しかし、中国の海洋侵出政策が東シナ海とは比べようもないほど進み、軍事的優勢を着実に中国のものとしつつあるのは、南シナ海である。

南シナ海での中国の軍事的優勢がますます強固になるということは、中国とのあいだで西沙諸島や南沙諸島などの領有権を巡って争っている諸国が、軍事的に圧迫されていくことを意味する。とはいっても、それらの諸国のうち、中国海軍に対抗できるだけの海洋戦力を保有している国はない。また、たとえそれら諸国が同盟しても、中国海軍に対抗し得る戦力には達しない。

ただし、中国が南シナ海での軍事的優勢を確実なものとしてしまったとしても、もし南シナ海を取り巻く国々がグレートバリア戦略を流用して、中国海軍の接近を阻止する態勢を固めたならば、中国に対抗し得る力を手にすることができる。

なぜか？　東シナ海と類似した「グレートバリア」を南シナ海に構築することができるからだ。

こうすれば、台湾、フィリピン、マレーシア、それにインドネシアの海峡部に中国の艦艇や船舶が接近できなくなる。あらゆる中国船が南シナ海から太平洋やインド洋に抜け出ることができなくなることを意味するからだ。

つまり中国海軍は、南シナ海という「広大な池」のなかで覇《は》を唱えているに過ぎないことになる。

軍事拠点に隣接のリゾートの意味

南シナ海でのアメリカ海軍の各種作戦にも深く関与し、南シナ海情勢に精通しているティモシー・ウィリアムズ海軍大佐（水上艦艇作戦担当、仮名）によるとこうだ。

「遅くとも二〇二〇年までには、事態は以下のようになる。まず、南シナ海での軍事作戦の総指揮を執る中国人民解放軍海軍南海艦隊司令部が位置する広東省《カントン》湛江市《たんこう》、そこから南シナ海に向かって三五〇キロほどに浮かぶ海南島《かいなんとう》南端の三亜《さんあ》市周辺が、米軍が最も警戒する原子力潜水艦の拠点となる。それだけではなく、南シナ海へ出動する海軍艦艇の総本山となっているだろう。それらの軍事拠点に隣接して大規模なリゾート施設群も誕生しており、ピンポイント攻撃能力を誇る米軍といえども、そうたやすく攻撃することはできなくなる」

このような大佐の予測を裏付けるように、実際、リゾートホテルなどが誕生し始めている。

「三亜市周辺の軍事施設から約三五〇キロ東南の南シナ海上に位置する西沙諸島の永興島《えいこうとう》（ウッディー島）には、以前より南シナ海の海洋国土行政を司《つかさど》る三沙《さんさ》市政庁が設置されている。そして、軍民共用の永興島飛行場には戦闘機や哨戒機が常駐している。また、海軍艦艇や中国海警局巡視船などの補給整備施設も整っており、海軍や海警局が前進基地として利用している。航空施設や港湾施設周辺には、間違いなく地対艦ミサイル部隊や地対空ミサイル部隊が配備され、西沙諸島周辺海域に睨《にら》みを利《き》かせていることになる」

ウィリアムズ海軍大佐は続ける。

「それらの軍事施設や三沙市政府機関と隣接して、商業施設や漁業施設などが混在しているだけでなく、南シナ海クルーズを楽しむ観光客のためのホテルやレストラン、それにカジノなどの娯楽施設も充実することになる。このように多数の民間人居住者が滞在している狭小な島に設置された軍事施設を攻撃することは、いかにハイテク兵器を取りそろえている米軍にとっても、至難の業である」

南沙諸島のヨーロッパ資本ホテル

ウィリアムズ海軍大佐同様に南シナ海方面での中国軍や中国海警局の動向を監視し、分析し続けている情報将校のロバート・ハンター海軍中佐（仮名）が、とりわけ専門にしている南沙諸島の状況について補足する。

「永興島から、さらに七〇〇キロ以上離れた南沙諸島に中国が建設した七つの人工島には、軍事施設と混在して、灯台や海洋気象観測所、それに海洋生物研究所などが林立している。それら人工島のうち、ファイアリークロス礁、スービ礁、ミスチーフ礁には、それぞれ三〇〇〇メートル級滑走路を有する軍民共用の飛行場が稼働《かどう》しており、戦闘機、哨戒機それにおそらく、ミサイル爆撃機までもが配備されているだろう。

そして、海南島や広東省から民間ジェット定期便が就航しており、民間飛行場施設も完備され、観光客の受け入れ態勢も万全となるはずだ」

ハンターは加えて、こう懸念を示す。

「七つの南沙人工島すべてには、規模の大小があるものの、漁船から軍艦まで様々な船が接岸できる港湾施設が設置されており、なかには大型クルーズ船が利用できるものまであるはず。それら港湾施設には、中国海警局の巡視船、海軍のフリゲート艦や快速ミサイル艇が常駐しているだろう。また、ミスチーフ礁には潜水艦基地も完成し、南シナ海での通常動力潜水艦の作戦行動が飛躍的に強化されていることになる」

さらに、次のような予測も教えてくれる。

「南沙人工島のいくつかには、大型旅客機やクルーズシップで『南沙海遊』を楽しむ観光客のためのホテルやダイビングエリアが開業しており、ヨーロッパ資本の高級リゾートホテルまでオープンし、ヨーロッパや日本、それにアメリカからも、南沙リゾートを訪れる観光客が後を絶たなくなっているものと思われる。

加えて、こうした観光施設だけでなく、『南シナ海の航海安全のための』灯台をはじめとする各種ナビゲーション施設、海洋気象観測所、海洋生物研究所などの非軍事施設も稼働しており、多くの外国人研究者を含んだ民間人が居住していると考えねばならない」

「外国からの観光客は人質だ」

第一章で何度か登場したシュスター海軍退役大佐によるとこうだ。

「要するに、中国国民にせよ外国からの観光客にせよ、民間人は人質だ。南沙人工島に配備されているであろう中国人民解放軍レーダー部隊、地対艦ミサイル部隊、地対空ミサイル部隊、そして弾道ミサイル部隊などをピンポイント攻撃すれば、多数の非戦闘員や外国人を巻き添えにする可能性が極めて高い。そのため、高性能精密攻撃兵器を擁する米軍といえども、躊躇《ちゅうちょ》せざるを得ないことになる」

南沙諸島だけではないと、ウィリアムズ海軍大佐が補足する。

「南沙諸島北部より北北西に五〇〇キロほど離れた中沙《ちゅうさ》諸島の東端にスカボロー礁がある。香港《ホンコン》や海南島からは九〇〇キロほど離れているが、フィリピンの首都マニラからは三五〇キロほど、ルソン島沿岸からは約二二〇キロしか離れていないスカボロー礁は、フィリピンと中国、それに台湾が領有権を主張しているが、二〇一二年以降、中国が軍事力を背景に実効支配している状況だ」

そしてやはり、民間人の損害を危惧《きぐ》する。

「二〇二〇年頃には、中国海軍艦艇が前進基地として利用しているだけでなく、各種レーダー施設や地対艦ミサイル、それに地対空ミサイルで、スカボロー礁周辺の防備は固められているはずだ。軍事施設に交じりヨットハーバーもあり、ダイビングやフィッシング向けのリゾート施設も営業している。また、定期観光船が香港や海南島から就航しており、スカボロー礁には多数の観光客が目につくようになっているはずだ。南沙諸島の人工島同様、民間人を巻き添えにしないで軍事攻撃を加えることは、まったくもって不可能なのだ」

このように二〇二〇年頃には、数多くの軍事施設ならびに非軍事的民間施設、それにリゾート施設までをも南シナ海に散在させることにより、中国が軍事的に優勢な立場を手にしていることは間違いないであろう。

ただし、シュスター海軍退役大佐の見解はこうだ。

図表３　中国が目指す軍事的支配圏

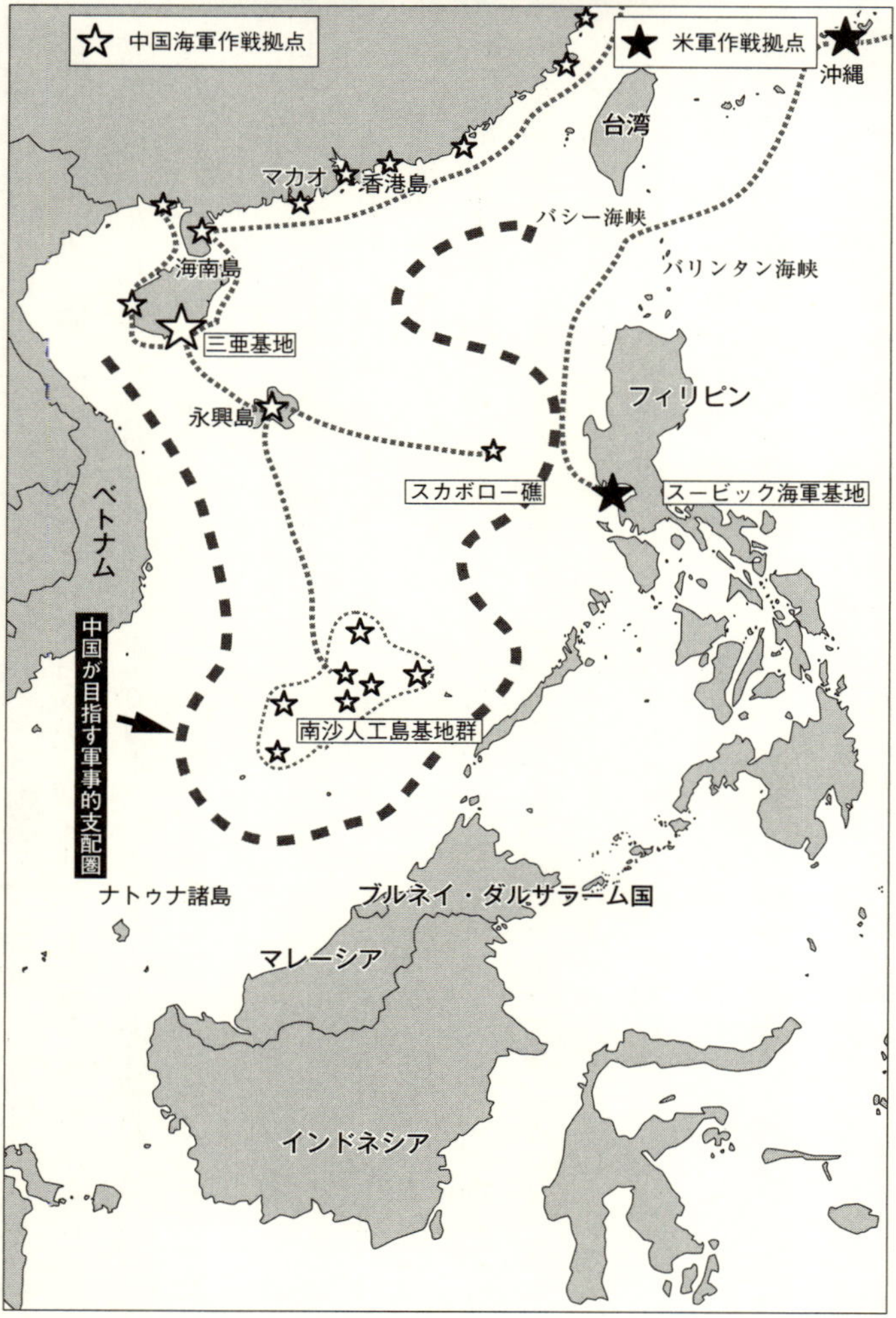

「もちろん、いくら軍事拠点が南沙諸島や中沙諸島、西沙諸島に点在しているからといっても、中国が主権を主張する島嶼環礁の一二海里以遠の海域を通航する各国のタンカーや貨物船など商船はもちろんのこと、アメリカ海軍や海上自衛隊の軍艦を脅かすような無謀な行為は、中国海警局や中国海軍といえども、差し控えるのは当然だ。

しかし、日本やアメリカが中国と軍事的緊張状態に陥った場合には、南シナ海での『九段線』内部の『中国の海洋国土』は、日本やアメリカの軍艦や民間船にとっては危険な海と化してしまう」

「九段線」とは、中国政府が歴史的経緯を根拠に主張している境界線である。中国政府によると、南シナ海の総面積の八割以上も占める九段線内部海域は、中国の主権的海域であるという。ただし九段線は大ざっぱな点線で示されているため、実際のところ、その領域はきわめて曖昧《あいまい》である（図表3の「中国が目指す軍事的支配圏」とほぼ同じ）。

航行の自由作戦の真実

中国が南シナ海の数ヵ所に軍事基地や七つの人工島まで完成させてしまった以上は、いかなる国といえども、外交的手段によってそれらの施設を閉鎖させることは不可能と考えなくてはなるまい。

万が一にも南シナ海で軍事的な衝突が発生した場合には、南沙諸島や西沙諸島といった島嶼環礁が存在するため、中国海軍に加えて海兵隊に相当する海軍陸戦隊も出動する事態が十二分に想定される。

南シナ海での海兵隊の作戦に関する情勢分析に従事するスミス海兵隊大佐は、海軍将校に劣らず南シナ海情勢に精通しており、こう嘆く。

「莫大な資金を投入して人工島を生み出したうえに、さらなる資金を注《つ》ぎ込んで本格的な航空施設や港湾施設、多種多様のレーダー施設や巨大灯台、それに数々のリゾート施設まで誕生させた中国に、それら基地・施設を撤去せよと迫っても、耳を貸さないのは当たり前だ」

スミス海兵隊大佐が続ける。

「当然のことながらアメリカ政府は、南沙諸島の人工島基地群から人民解放軍を撤収させる唯一の手段が米中戦争に勝利するしかないことを、百も承知だ。しかし、本格的な米中戦争に踏み切ることは、いくら中国に対して強硬姿勢をとることを辞さないトランプ政権といえども、難しいのではないか」

ここで、シュスター海軍退役大佐が説明を始めた。

「とはいうものの、東アジアの同盟国や友好国への手前、アメリカとしては中国に対して何らかの軍事的圧力をかけているポーズをとる必要がある。しかしながら、アメリカが動いて中国海軍との軍事衝突でも引き起こしてしまっては、アメリカ自身の国益を損なってしまう。そこで、中国に対して軍事圧力をかけているポーズとして実施しているのが、南シナ海での『公海航行自由原則維持のための作戦』なのだ」

世界中の海洋での自由な通商を確保することを国是《こくぜ》とするアメリカは、国際海洋法を脅かす行為をなしている国があると判断した場合には、その海域に軍艦を派遣し、「国際法に従うように」との警告を発している。このような軍事的威嚇《いかく》が、「公海航行自由原則維持のための作戦」、いわゆる「FONOP」だ。

FONOPのような外交的な意味合いの強い軍事作戦実施について、実動部隊である太平洋艦隊と国防総省の調整に当たる太平洋軍司令部のメアリー・マーシャル海軍大佐は、以下のように述べている。

「とはいうものの、FONOPの中国に対する抑止効果がゼロに近いことは、アメリカ政府は十二分に承知している。それでもFONOPを続けているのは、それしかアメリカが中国に対し外交的にも軍事的にも圧力をかけているという姿勢を、内外に向けて具体的に示す手段がないからだ」

そして、こう続ける。

「もちろん中国共産党は、政府系メディアを使い、執拗《しつよう》に、FONOPを非難するキャンペーンを展開し続けるだろう。ただし、人民解放軍や中国共産党指導層にとっては、アメリカ海軍による南シナ海でのＦＯＮＯＰからは、軍事的に深刻な脅威を受けているわけでも、外交的に圧迫されるわけでもない。とはいっても、アメリカの軍艦や哨戒機に南沙諸島や西沙諸島周辺海域をうろつかれることは目障《めざわ》りこのうえない。

加えて、ＦＯＮＯＰが執拗《しつよう》に継続されるならば、国内の対米強硬派から『共産党指導部は弱腰に過ぎる』との誹《そし》りを受けかねない。そのため、そのような気運が持ち上がってきたならば、何らかの手段を用いてＦＯＮＯＰを中止させる挙に出るに違いない」

日米同盟は幻想なのか

それでは、いったい中国は、どのようにしてアメリカによる目障りなＦＯＮＯＰを止めさせるのであろうか？

ウィリアムズ海軍大佐によると、こうだ。

「二〇二〇年頃になると、中国共産党首脳部や人民解放軍首脳部には、『南シナ海での人民解放軍による対米接近阻止態勢はきわめて強固になる』『日本やグアムあるいはハワイから南シナ海に進出してくる米軍に対し、少なくとも南シナ海では我々が優位に立っている』というふうに考える人々が多くなっているだろう。

そして、『FONOPなどと称して他国の領海や領空にズカズカ入ってくるアメリカの軍艦や軍用機に対して警告射撃を食らわせ、人民解放軍の決意を示す時期が来ている』といった対米強硬論が沸き上がることは間違いない」

この点に関して、人民解放軍の戦略分析を担当しているポーラ・バード海軍中佐（仮名）は、次のように語った。

「人民解放軍総参謀部第一部の戦略家たちは、威勢のいい対米強硬論者たちに自制を求めると思われる。人民解放軍の対米戦略家ならば、たとえ威嚇とはいえ、アメリカの海軍艦艇や航空機を直接ターゲットにするのは危険であることを十分認識している。たとえば彼らは、中国側がミサイルによる威嚇《いかく》を実施した場合、アメリカ海軍のコンピュータ制御戦闘指揮管制システムが自動的に迎撃ミサイルを発射するかもしれないといった危険性にも、十分に注意を払うはず。米中開戦となることは十二分に危惧《きぐ》しているだろう」

そして、こう指摘する。

「もちろん、我が国にとっては当然の自衛措置《そち》だと、中国共産党指導部などの強硬論者たちは口をそろえるに違いない。しかし、政治家よりも慎重な総参謀部などの軍人は、強硬論に対して注意を喚起するだろう」

この指摘に賛同したスミス海兵隊大佐は、以下のように述べた。

「おそらく彼らは、いかなる経緯であれ、アメリカと直接軍事衝突してしまうと、アメリカの連中は自己の正当性を国際社会に向かって騒ぎ立て、日本やオーストラリア、それにNATO諸国などをけしかけ、中国に対する制裁を実施して、自らの面目《めんもく》を保とうとするに違いない、そう説明するだろう。そして、FONOPに対抗して中国の領域に近づかないようにさせる軍事行動の目的を簡潔に提示し、米軍との直接的な軍事衝突は面倒を持ち込むだけだと、強硬論者を納得させるだろう」

このような前提に立って、シュスター海軍退役大佐が、直接的な軍事衝突を避けつつアメリカ政府にFONOPを止めさせる手段を提示した。

「中国が米軍との直接的な対決を避けつつ、目障りなFONOPを諦《あきら》めさせるには、アメリカに付き従ってFONOPを支持している従属国を締め上げればいい。中国側にとって最も効果が期待できるのは、軍事的反撃の恐れがない日本を締め上げ、その日本を軍事的に支援するアメリカも道連れにし、窮地に陥れる戦略だ。

この戦略はいたってシンプルだ。すなわち、南シナ海を縦貫する日本のシーレーンを妨害する態勢を見せつけ、日本に経済的圧力をかける。そのうえで、アメリカがFONOPをはじめとする軍事的圧力を中国に対し続けているあいだは、日本にある米軍施設の使用など、アメリカへの支援を中止することを日本政府に要求すればいい」

かねてより中国の軍事的脅威に警鐘を鳴らし続けていたファラガット海軍大佐も同意する。

「その通りだ。もちろん、同盟国である日本が中国に脅《おど》されれば、アメリカには、何らかの軍事的反撃を実施しようと言いだす人々が少なくないのは当然だ。しかし、戦争という究極の事態に関しては……ホワイトハウスは巨大ビジネスがコントロールしているようなものだ。米中戦争などという危険を冒してまで日本を救援しようとするほど、アメリカの資本家たちは間抜けではない。また、彼らの多くは日本のために一肌脱ぐほどお人好しでもない。

アメリカに頼り切る姿勢が骨の髄まで沁み込んでいる日本政府や政治家たちの多くは、日米安全保障条約が機能して、すんなりとアメリカの日本支援軍が送り込まれると考えるだろう。しかしながら、そのような日米同盟のイメージは幻想であったことに、ようやく気づくことになるだろう」

このような中国の戦略は、具体的にはいかにして実施されるのであろうか？

アメリカ海軍が伝統的に重要視している机上戦《きじょうせん》（図上演習：War Game）を海軍大学校で指導した経験もあるシミュレーション専門家、ダン・ニーランド海軍大佐（仮名）、ならびに、中国軍が「いよいよ腹をくくって軍事行動に出る場合には、短期激烈戦争となる」と主張し続けているファラガット海軍大佐は、異口同音に、こう力説する。

「アメリカにFONOPを断念させる目的で、日本に対しシーレーン妨害を突き付け、日米同盟に揺さぶりをかける中国の軍事行動は、人民解放軍による綿密な準備が整ったうえで、突然の通告によって開始されるだろう」

タンカーや船会社に迫られる決断

中国政府が日本向け、あるいは日本からの船舶や航空機の自由な通航を阻止する可能性を示唆《しさ》する南シナ海には、現在も、中東諸国や東南アジア諸国から日本に向け、原油や天然ガスを運ぶ多数の大型タンカーが途切れることなく航行している。

もちろんその逆、つまり日本から産油国へと向かう空荷のタンカーもひっきりなしに航行している。まさに南シナ海は、日本がエネルギー源を確保するために必要な「海の生命線」なのだ。

ちなみに一隻の超大型石油タンカー（VLCC）には、およそ二〇〇万バレル（約三億リットル）の原油を積載することができる。この量は、日本で一日に消費される原油総量のおよそ半分だ。すなわち、一年三六五日、毎日、最低でも二隻以上のVLCCが、どこか日本の原油受け入れ港に入港し続けなければ、日本国民の文化的生活は破綻《はたん》してしまう。

もちろん、予備用そして備蓄用の原油の輸入も欠かせないので、年間のべ八〇〇隻近くの

VLCCが、産油国から日本に原油をもたらしているのである。

そしてVLCCの大半は、南シナ海の中国の主張する主権的海域を縦貫する航路およそ一二〇〇海里（約二二〇〇キロ）を、三日半から四日ほどかけて通航しているのだ。単純に計算しても、一年を通して毎日一六隻以上の日本向け、そして日本からのVLCCが、九段線内部の南シナ海を航海し続けていることになる。

日本の国民生活を支えているのはVLCCだけではない。日本は国内で消費する天然ガスのおよそ九八パーセントも輸入に頼っている。マレーシアや中東諸国から天然ガスを日本に運搬する巨大LNGタンカーも、同様に、南シナ海を頻繁に通航している。

そして、エネルギー源である原油や天然ガスのみならず、やはり日本の国民経済にとって欠かせない各種天然資源を日本に運搬するための様々な貨物船や、メイドインジャパンの工業製品をアジアやアフリカの諸国、そしてヨーロッパ諸国へ輸出するための貨物船も、三六五日途切れることなく、南シナ海を北上あるいは南下しているのだ。

中国が南シナ海における日本のシーレーン遮断を通告した場合、南シナ海を航海するタンカーや貨物船の船長やそれらの商船を運航する船会社は、北上あるいは南下をできるだけ高速で続けて、九段線内海域から脱出してしまうのか、あるいはそのような冒険は避けてシンガポール沖やバシー海峡に引き返し、フィリピン東部の西太平洋（フィリピン海）を通過する迂回《うかい》航路へと向かうのか、重大な決断を迫られることになる。

中国の通商航路帯遮断作戦の結果

中国による突然のとんでもない通告に接して重大なる決断を迫られるのは、タンカーや船会社だけではない。当然のことながら、日本政府とりわけ国防当局は、これまで経験したことのないレベルの意思決定を迫られる。そのため、直ちに国家安全保障会議の緊急事態大臣会合が招集されることになる。おそらくその場では、以下のような疑問が提示されることは間違いない。

――中国政府は、南シナ海で日本の航路を妨害するといっているが、狭い海峡ならばともかく、あのように広大な海域に機雷をばらまくのは大変な作業だし、そもそも日本に関係する船だけをターゲットにすることなど、果たして可能なのか？　中国の警告はただの虚仮威《こけおど》しで、我々を威嚇《いかく》しているだけとは考えられないだろうか？

南シナ海での実戦パトロール経験のあるウィリアムズ海軍大佐は、こう語る。

「そのように考えるのは危険だ。たしかに広大な水域を機雷で封鎖することは現実的ではないし、機雷で日本関係の艦船だけを妨害することは至難の業といえる。いくら中国といえども、国際社会すべてを敵に回してしまうような無謀な無差別機雷戦を実施することはあり得ない。しかしながら、広大な南シナ海において、別の方法で日本関係艦船だけの航行を妨害することは十二分に可能なのだ」

そしてウィリアムズ海軍大佐は過去の例に言及した。

「第一次世界大戦や第二次世界大戦で、ドイツ海軍が、アメリカからイギリスへの補給物資を運搬する貨物船を標的にして海上通商破壊戦を行った際には、大西洋の大海原《おおうなばら》で貨物船を発見することそのものがドイツ側にとっては大仕事だった。しかし現在、あらゆる大型商船はＡＩＳと呼ばれる航行追跡システムによって、世界中どの海域を航行していても、その位置を把握《はあく》することができるようになっている。そのため、南シナ海を日本に向かうタンカーや貨物船の位置とその船舶の情報は、中国の海軍や海警局に把握されてしまうのだ」

ウィリアムズ海軍大佐は続ける。

「南シナ海を航行している日本関係船舶を特定した中国人民解放軍と中国海警局は、艦艇や航空機を接近させて警告を発し、威嚇する。そして、巨大原油タンカーや天然ガスタンカーに武装巡視船や駆逐艦などを急行させて、拿捕《だほ》することになる。

中国側が、このような行動に出れば、すべての日本関係商船は南シナ海を迂回しなければならなくなる。しかし中国側の目的は、もちろん日本のタンカーを撃沈することでもなければ、拿捕することでもない。ただ日本関係船舶に、南シナ海を迂回することを余儀なくさせれば良いのだ」

このことについてバード海軍中佐は、こう指摘する。

「いくら日本関係船舶の航行を妨害するといっても、いきなり人民解放軍が民間船を攻撃することは考えられない。万が一にも日本に向かうタンカーを沈めでもした場合、国際社会を敵に回すことになることは確実であり、アメリカによる軍事的な干渉を誘発することになってしまう」

そして、迂回による影響については、シュスター海軍退役大佐が以下のように予測する。

「迂回航路を通航すると最低でも三日は余計な時間がかかるため、船舶が消費する燃料費が嵩《かさ》み、高騰《こうとう》する海上保険料や人件費などの経費増大も加わって、日本に向かう船荷の運賃に上乗せされることは避けられない。

それとは逆に日本からの輸出品には、迂回航路に伴い上昇した経費を上乗せすることはできないため、輸出企業は大きな損失を甘受《かんじゅ》せざるを得なくなる。一年を通して、巨大原油タンカーだけで往復、合わせると八〇～一〇〇隻もが産油国と日本のあいだを航行しているわけだから、すべての商船が迂回航路を経由しなければならなくなった場合の経済的損失は、莫大《ばくだい》な額に上る。

たしかに、短い期間に限って迂回航路を余儀なくされるのであれば、日本にとっての経済

図表４　迂回航路と大迂回航路

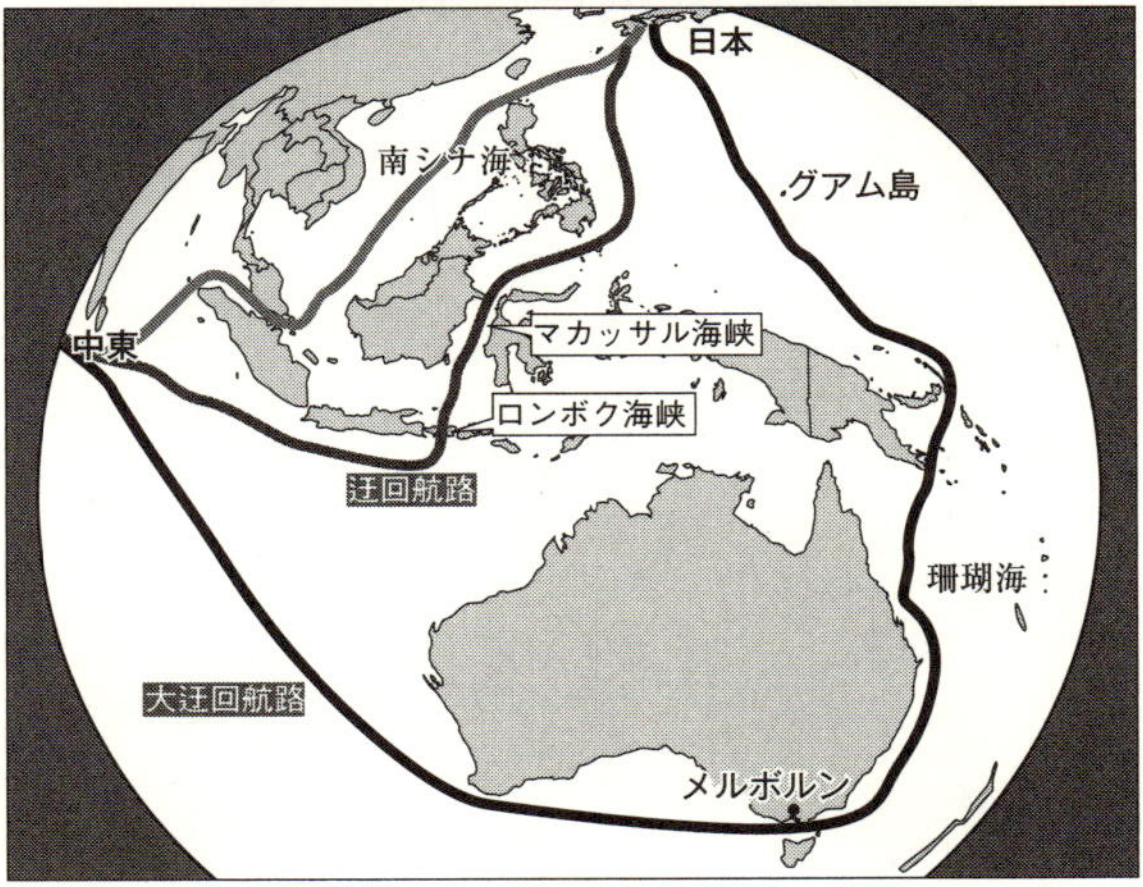

的損失は国家存亡の危機を招くほどにはならない。しかし、そのような状態が一ヵ月、あるいは二ヵ月と続いた場合、日本経済が被《こうむ》る打撃は計り知れなくなる」

ミサイル戦が専門のウェード海軍大佐も補足する。

「もう一つ気がかりなことは、中国が南沙諸島の三つの人工島と中沙諸島のスカボロー礁に航空基地を手にしていることだ。それらの基地から戦闘攻撃機やミサイル爆撃機を飛ばすと、フィリピン海の迂回航路を航行する日本関係船舶を脅かすことが可能だ。

もちろん航空機からミサイルや爆弾で日本タンカーを攻撃することは差し控えるだろうが、超低空で接近して船舶を威嚇したり、船舶周辺を銃撃したり爆撃したりするなどは考えられる。そのような剝《む》き出しの脅威に船舶がさらされた場合、保険料が高騰するといったレベルの話ではなくなり、船を運航するための船員を確保することすら不可能になる。

結果、オーストラリア南部を大きく迂回して南太平洋から日本に北上する大迂回航路を使わなければならなくなり、中東と日本の往復には倍以上の日数がかかってしまうだろう。これでは日本経済が危機的状況に陥ることは明白だ」

南シナ海諸国へ日本のミサイルを

このような状況では、日本は中国の要求を受け入れ、アメリカによる南シナ海での対中牽《けん》制《せい》は支持しないという立場をアメリカ政府に打信するしかないのだろうか。しかしファラガット海軍大佐は、この点をきっぱりと否定する。

「そのようなことをすれば、中国はますます力を得て、南シナ海からだけではなく、東シナ海をはじめ日本周辺海域からもアメリカ海洋戦力の影響力を除去する動きに出ることになってしまう。その先は、台湾の併合《へいごう》、尖閣諸島、先島《さきしま》諸島、沖縄の併合といった暴挙にまで突き進みかねない。したがって日本そしてアメリカは、断固として中国の要求を拒絶しなければならない」

シュスター海軍退役大佐が続ける。

「もちろん、それは中国と一戦を交えることを意味するわけではない。アメリカも、このようなトラブルが日中開戦などという事態に発展してしまった場合、中国による露骨な対日攻撃が引き金になったならばともかく、おそらく大規模な軍事介入を避けざるを得なくなる。

それよりも日本とアメリカが中心となり、南シナ海で中国と領有権紛争を抱えている国々や、何らかの形で中国の軍事的脅威を感じている国々を巻き込んで、中国の海上航路帯（シーレーン）を逆封鎖する態勢を固めるのだ。そうして中国による南シナ海での妨害を中止に追い込むのが良策だ」

そしてシュスター海軍退役大佐は、その具体的な方策を提示した。

「地対艦ミサイルでは先進国といえる日本が主導し、ベトナム、フィリピン、マレーシア、インドネシアに日本製地対艦ミサイルを供与し、訓練支援を実施する。それとともに、台湾とは秘密裏に地対艦ミサイル共同机上《きじょう》演習を繰り返す。

加えて、これらの国々には地対艦ミサイルだけでなく、日本がミサイル部隊防衛用の短距離地対空ミサイルも供与するのだ。そしてアメリカも、長射程地対空ミサイルを供与する。これによって、日本の東シナ海沿岸域に設置された地対艦ミサイルバリアと類似したシステムが、南シナ海沿岸域にも築き上げられることになる」

要するに、本書のグレートバリア戦略の南シナ海版ということになるわけだ。本書では、このような対抗策を、「中国通商航路帯遮断作戦」と呼称する。

海峡部で中国軍を撃破する態勢

南シナ海はウィリアムズ海軍大佐が熟知した海だ。

「中国のタンカーや貨物船の航路は、南シナ海からシンガポール沖を経て、マラッカ海峡からインド洋に抜け出て中東やアフリカ方面に向かう航路と、東シナ海から対馬《つしま》海峡と日本海を通過して津軽《つがる》海峡を抜け太平洋に出て、アメリカ・カナダの西海岸に向かうルートがメインになっている。そのほか南シナ海からバシー海峡を抜けて太平洋に出て、日本沿岸の港に寄港してからアメリカ西海岸に向かう航路も主要ルートになっている」

大佐は貿易航路を示しながら、以下のように続けた。

「したがって、中国とアメリカ大陸を結ぶ太平洋航路は、それらの海峡を睨《にら》んだ地対艦ミサイル部隊と、海上自衛隊艦艇や航空機による対馬海峡ならびに津軽海峡の海峡封鎖によって、比較的容易に遮断《しゃだん》することが可能だ。ただし、東シナ海から太平洋に抜け出ることが可能な南西諸島の海峡水道部はいくつも考えられるため、九州から台湾にかけての南西諸島ライン封鎖には、多数の地対艦ミサイル部隊、ならびに航空機と艦艇の展開が必要となる。

そして、海上自衛隊やアメリカ海軍と密接に連携した台湾軍とフィリピン軍の地対艦ミサイル部隊の協力を得ることによって、台湾とルソン島のあいだの海峡部（バシー海峡とバリンタン海峡）を通航しようとする中国艦船を遮断することも可能となる」

大佐は語気を強める。

「南シナ海の南端の部分では、シンガポールから出動するアメリカ海軍の艦艇や航空機と、ナトゥナ諸島に展開したインドネシア軍の地対艦ミサイル部隊、それにボルネオ島とマレー半島の南シナ海沿海域に展開するマレーシア軍の地対艦ミサイル部隊、場合によってはマレーシア海軍やインドネシア海軍の艦艇も参加すれば、中国艦船がシンガポール沖やジャワ海に達することを阻止《そし》することができるはずだ。

このほかにも、南シナ海からフィリピンの島々の海峡部を通り、スールー海、セレベス海、そして西太平洋へと抜け出ることも可能なため、沿岸域に展開したフィリピン軍の地対艦ミサイル部隊に睨《にら》みを利《き》かせてもらおう。もちろん、アメリカ海軍や海上自衛隊の哨戒機や艦艇も出動して連携をとることになるのは、いうまでもない」

日本が政治的主導権をつかむ好機

このように、南シナ海を取り囲む海峡部で中国艦艇や船舶に対する封鎖態勢を固めるといっても、当初からそれらの海峡部にさしかかった中国船を地対艦ミサイルで攻撃してしまう

図表5　南シナ海と東シナ海に張り巡らされたミサイルバリアの射程

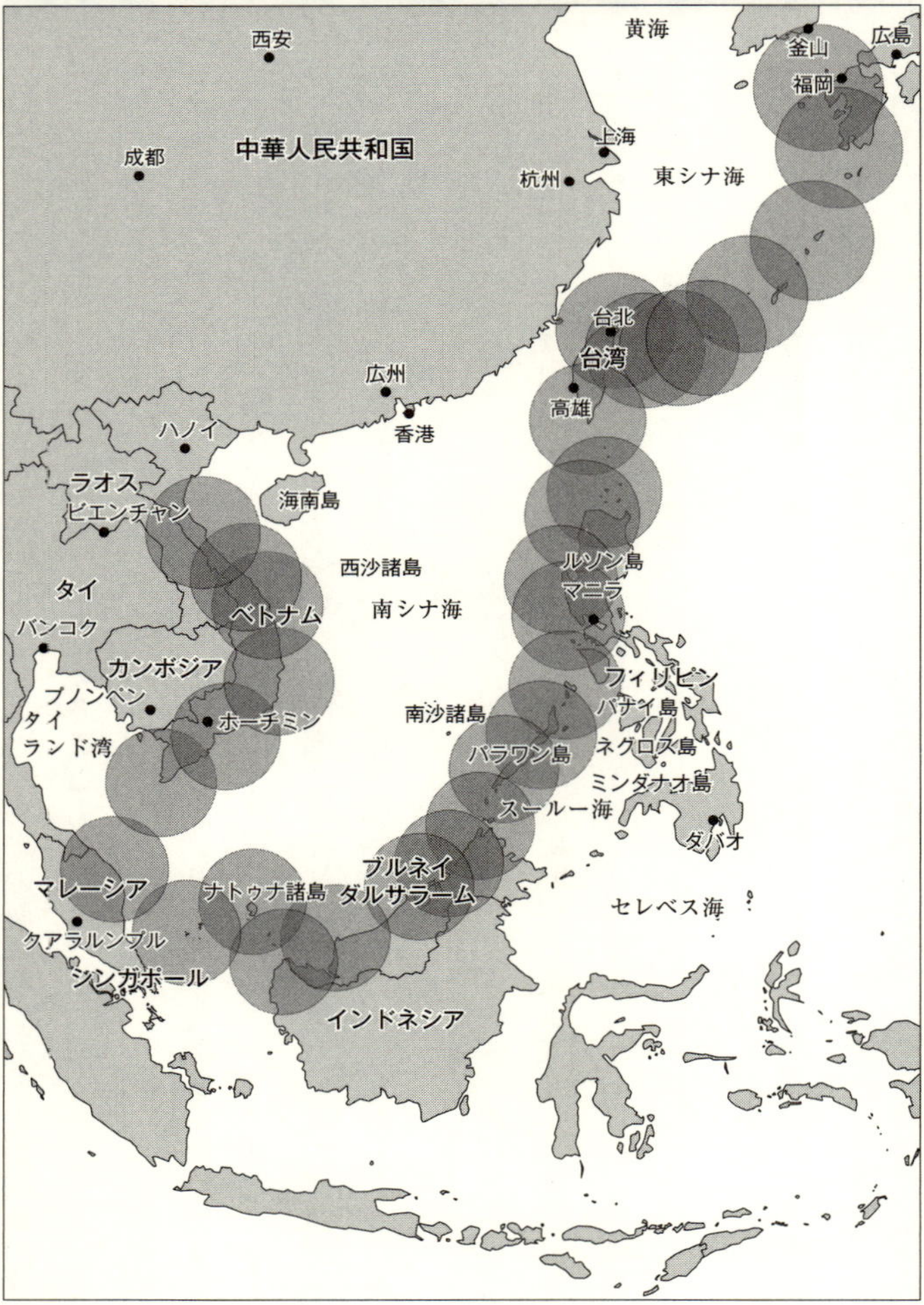

というわけではない。あくまで封鎖態勢を万全にして、中国指導部に圧力を加えるのだ。

マーシャル海軍大佐が補足する。

「当然のことながら、『中国通商航路帯遮断作戦』を実施するといっても、いきなり地対艦ミサイルでタンカーや貨物船を攻撃するのはナンセンス。あくまで地対艦ミサイルは、我がほうの艦艇や航空機の対中国牽制作戦のバックアップと考えるべきだろう。

沿岸域から地対艦ミサイルや地対空ミサイルが敵に睨みを利かせている海域では、軍艦や巡視船による中国船舶の拿捕作業が安心して行える。もし、中国の軍艦や海警局の武装巡視船が拿捕の妨害や船舶の奪還を企てて武力を行使してきたならば、それこそ地対艦ミサイルを食らうことになる」

このように、日本が東南アジア諸国に地対艦ミサイルや防空ミサイルを供与する場合、ミサイルシステムの輸出と並行して、訓練をはじめとする支援や借款《しゃっかん》を提供することになる。しかしながら、そのような国民の血税は南シナ海を通過する日本自身の海上航路帯を守り、国民生活の安定を保つために投入されることを意味する。

中国に対して融和的であったオバマ政権下においても、かたくなに対中強硬策を唱え続けてきたファラガット海軍大佐が持論を繰り返す。

「いまこそ、中国の横暴に立ち向かう時である。そして、日本が『中国通商航路帯遮断作戦』の実施を決断すれば、アメリカはもとより、中国に圧迫されている南シナ海沿岸諸国は、我が国と結束して中国に立ち向かう可能性が高い。まさに、日本が東アジアでの政治的主導権を手にする千載一遇《せんざいいちぐう》の好機が到来したのである。是非とも日本の指導者には、そのような自覚と責任を強く認識してほしい」

日本列島の海峡部を遮断して防衛

日本が最初に遮断すべき中国のシーレーンは「東シナ海〜対馬海峡〜日本海〜津軽海峡〜太平洋」という航路帯である。もっとも、この航路を利用する中国船は北米との交易に従事している場合がほとんどであるため、アメリカが日本側に立つ以上、中国船がこの航路を利用することはなくなる。とはいうものの、中国のシーレーンを完璧に遮断するためには、この航路帯でも遮断態勢は固めねばならない。

そのためには、対馬海峡と津軽海峡の周辺に哨戒機と警戒機を展開させて厳重な監視態勢を維持し、長崎県松浦市付近に射程二〇〇キロ程度の地対艦ミサイルを装備したミサイル部隊を配備する。そして青森県つがる市の航空自衛隊車力分屯基地《しゃりきぶんとんきち》付近と同じく、むつ市の海上自衛隊大湊《おおみなと》基地付近にも、それぞれ射程一〇〇キロ程度の地対艦ミサイルを装備したミサイル部隊を配備する。そして対馬海峡では、哨戒機に加えて海自駆逐艦と潜水艦により敵潜水艦の接近にも備えることになる。

対馬海峡と津軽海峡での封鎖態勢を固めれば「東シナ海～対馬海峡～日本海～津軽海峡～太平洋」航路帯の遮断は完成だが、念のため宗谷海峡での監視態勢も固めるとともに、稚内《わっかない》市周辺にも射程一〇〇キロ程度の地対艦ミサイル部隊を配備し、万が一にも中国艦艇が接近してきた場合には打ち払う準備は整えておく。

この航路帯遮断とともに、九州から与那国島《よなぐにじま》に至る長大な南西諸島ラインで中国艦船を阻止する態勢を固める。極めて長大な警戒ラインとなるため、警戒監視には多数の空自警戒機、海自哨戒機、海自駆逐艦、海上保安庁巡視船を投入しなければならない。

とはいうものの、大隅半島南部、奄美大島《あまみおおしま》の奄美市周辺、久米島あるいは沖縄本島中央部の米軍演習場内、そして宮古島あるいは下地島には、それぞれ射程二〇〇キロ程度の地対艦ミサイルを装備したミサイル部隊、本書で想定した「グレートバリア戦闘団」を配置し、与那国島には射程一〇〇キロ程度（二〇〇キロでは台湾本土に届いてしまうため、台湾に猜疑《さいぎ》心《しん》を起こさせないために飛距離を制限する）の地対艦ミサイルを装備した「グレートバリア戦闘団」を配備すれば、南西諸島の海峡水道部を中国艦艇や商船が突破することはできなくなる。

与那国島と台湾の海峡部（与那国西海峡）には、与那国島に陣取る自衛隊「グレートバリア戦闘団」が布陣する。そして与那国西海峡に面する洋寮《ようりょう》鼻《び》や鼻頭角《びとうかく》には、台湾が独自に開発した雄風《ゆうふう》3型超音速対艦ミサイル（HF3、射程一四〇キロ）を装備した台湾軍地対艦ミサイル部隊が展開している。それに加え、自衛隊と台湾軍がそれぞれ出動させる哨戒機と警戒機によって、日台共同で、中国艦船の通航阻止態勢を固めることになる。

以上のように、「東シナ海～対馬海峡～日本海～津軽海峡～太平洋」航路帯と南西諸島ラインを封鎖するためには、地対艦ミサイルを装備した強力なミサイル部隊を少なくとも八部隊、それに台湾軍の地対艦ミサイル部隊が必要となる。加えて、空自警戒機、海自哨戒機、海自駆逐艦、海自ミサイル艇、海保巡視船などを、宗谷岬周辺海域・空域から与那国島周辺海域・空域の要所に展開することになる。

おそらく海上自衛隊稼働艦艇の八割程度、同じく稼働哨戒機の半数以上、それに航空自衛隊稼働警戒機の半数以上が作戦に投入されることになる。

日本とフィリピンの同盟の必要性

「太平洋戦争では、アメリカ海軍がバシー海峡を封鎖して日本と南シナ海との航路帯を遮断した作戦が勝因の一つであった。中国海軍を南シナ海に封じ込める作戦においても、バシー海峡とバリンタン海峡を封鎖する作戦は、中国海軍を南シナ海と東シナ海に封じ込める作戦の成功の鍵を握る。もし、これらの海峡を突破されたら、日本の南西諸島における遮断態勢も挟み撃ちに遭いかねない――」

「中国通商航路帯遮断作戦」を検討したミサイル戦の専門家、ウェード海軍大佐は、これら海峡の戦略的重要性を力説する。

「第二次世界大戦では、潜水艦戦において魚雷がバシー海峡で猛威を振るったが、今度は地対艦ミサイルだ。幸いなことには、台湾軍は強力な地対艦ミサイルを数種類開発している。バシー海峡に面する鵝鑾鼻《がらんび》岬《みさき》周辺に改良型の雄風2型対艦ミサイル（HF2、射程二〇〇キロ）を配備すれば、バシー海峡全域をカバーするし、射程が一四〇キロ程度とやや短いものの、雄風3型対艦ミサイルはマッハ二・五を誇る超音速ミサイルだ。

もちろん、対潜哨戒機や警戒機を上空に展開させておかねばならないが、沖縄を拠点とする自衛隊と米軍の航空機が出動し、台湾の航空施設を前進拠点に利用すれば、海峡全域の空からの警戒監視は完璧だ」

このとき、対潜水艦態勢も必要であるとシュスター海軍退役大佐が指摘した。

「地対艦ミサイルと航空監視態勢に加えて、潜水艦も展開させておかねばなるまい。中国の潜水艦は地上攻撃用巡航ミサイルを搭載しているため、西太平洋に侵出されると、南西諸島が太平洋側から攻撃されかねない。バシー海峡とバリンタン海峡には、少なくともアメリカ海軍の攻撃原潜を二隻、それにできれば海自の潜水艦二隻も配置させねばならない。音響測定艦を派遣して、より完璧を期すことも考えたほうがいい。

いずれにせよ、自衛隊、台湾軍、そして米軍のあいだで、航空機、艦艇、地上部隊のデータリンクを確立しておかなければ、共同作戦は実施できない」

北半分のバシー海峡の遮断態勢は整っても、南半分であるバリンタン海峡を突破されてはいけない。シュスター海軍退役大佐は、こう続けた。

「バリンタン海峡にはバブヤン諸島が横たわっているため、フィリピン軍による地上からの監視、あるいは短距離地対艦ミサイルやロケット砲などで、周辺海域を威圧することが可能だ。しかし、やはりルソン島北端部に射程二〇〇キロほどの地対艦ミサイル部隊を配置し、米軍と自衛隊と連携すれば、遮断態勢は万全だ」

ウェード海軍大佐は、フィリピン軍に地対艦ミサイル部隊を誕生させる手段を示した。

「もちろん、フィリピン軍は高性能地対艦ミサイルシステムなどを保有してはいないため、それを日本が供与するのが理想。システムの輸出と抱き合わせで、自衛隊によるフィリピン軍地対艦ミサイル部隊の教育訓練を提供する必要がある。また、それによって自衛隊とフィリピン軍の密接な同盟関係も確立する。

実際、自衛隊には米軍にも存在しない地対艦ミサイル連隊があるではないか。まさに教官としては米軍以上の存在だ。フィリピン軍に地対艦ミサイル部隊を誕生させることにより、フィリピン諸島周辺の他の海峡部を封鎖する作戦も可能になる」

フィリピン海兵隊との訓練を通じ、フィリピンの地勢にも精通しているスミス海兵隊大佐も、日本とフィリピンの実質的同盟の必要性を力説する。

「もし、このようなオプションが不可能ならば、自衛隊の地対艦ミサイル部隊をフィリピンに派遣することが良策だ。が、システムの輸出もできない状態では、とても部隊のフィリピンへの派出は実現しそうにない。その場合、アメリカ陸軍の長射程ロケット砲を装備した部隊を派遣するか、日本の地対艦ミサイルを装備した水陸機動団が出動することになる。

しかしそうはいっても、やはり万難《ばんなん》を排し、日本がフィリピンや東南アジア諸国に日本の誇る地対艦ミサイルシステムを供与し、地対艦ミサイル部隊の育成に努めるべきであろう。なんといっても南シナ海のシーレーン最大の利用者は日本なのだから、日本国民も納得するに違いない」

マレーシアにも日本のミサイルを

多島国家であるフィリピンでは、その大小様々な島嶼間の海峡部を縫うようにして、南シナ海と西太平洋を行き来することが可能だ。とはいっても、海上航路帯としては決して理想的な航路とはいえないが、バシー海峡とバリンタン海峡を通過できない場合、それらの海峡部が代替航路となり得る。

スミス海兵隊大佐が続ける。

「フィリピン諸島の海峡部を突破しようとする艦船を遮断するには、ブスアンガ島とパラワン島南部に射程二〇〇キロほどの地対艦ミサイル部隊を配備すれば、南シナ海とスールー海の航行を遮断することが可能となって、フィリピン諸島の海峡部をすり抜けようとする目論見を潰すことができる。

しかし理論的には可能であるが、良策とはいえない。なぜならブスアンガ島とパラワン島は、南沙諸島の中国人工島軍事拠点に近接し過ぎている。そのうえ、それらの島への補給も面倒だ」

フィリピン周辺海域での経験が豊富な水上戦闘艦畑のウィリアムズ海軍大佐は、以下のような策を練る。

「南沙諸島の中国人工島軍事拠点からのミサイル攻撃や航空攻撃などを考えると、スールー海東端沿岸域を遮断ラインに想定するのが安全策だ。ただし、地対艦ミサイル部隊の数は増やす必要があるのだが。

たとえば、ルソン島のサン・アンドレス付近、ネグロス島の中央部、それにミンダナオ島の西南端のサンボアンガ付近にそれぞれ地対艦ミサイル部隊を配置すれば、スールー海とフィリピン海の海峡部分は遮断可能だし、スールー海とセレベス海のフィリピン側海峡部も封鎖できる。

あとはマレーシア軍がボルネオ島東北端付近に地対艦ミサイル部隊を配置に就け、共同歩調をとってくれれば、スールー海とセレベス海も遮断することができる。日本の仕事がもう一つ増えることになるが、マレーシア軍にも地対艦ミサイル部隊を誕生させる必要がある」

フィリピン軍に対して日本が地対艦ミサイルを供与し、ミサイル部隊の育成を引き受けるならば、それらをマレーシア軍などＡＳＥＡＮ諸国に拡大することにより、日本の政治的影響力が、南シナ海周辺諸国でいやが上にも高まることになる。

「フィリピン軍の三個地対艦ミサイル部隊とマレーシア軍の一個地対艦ミサイル部隊によって、スールー海に蓋《ふた》をすることができるが、フィリピン軍もマレーシア軍も地対艦ミサイルと連動する哨戒機や警戒機を保有していない。南西諸島での遮断態勢を固めなければならない自衛隊も、フィリピン南部に哨戒機や警戒機を派遣することは無理であろう。

したがって、米軍が沖縄やグアムなどから哨戒機や警戒機をスールー海方面に派遣することになる。フィリピンのマクタンベニト・エブエン空軍基地を本拠地にすれば、スールー海東端四ヵ所で配置に就いた地対艦ミサイル部隊との連携も完璧だ」

南シナ海に封じ込められる中国軍

東シナ海を封鎖し、バシー海峡、そしてフィリピン諸島の海峡部を封鎖すると、あとは南シナ海の南端海域だけが、中国沿海と太平洋やインド洋をつなぐ海域ということになる。シュスター海軍退役大佐はこう指摘する。

「南シナ海の南端の封鎖態勢を固めるには一工夫《ひとくふう》しなければならない。まずはマラッカ海峡を遮断する。この海峡は特にシンガポール寄りの幅が狭いため、マレーシアの南東端に射程二〇〇キロ程度の地対艦ミサイル部隊を配備すれば、マラッカ海峡の南口を遮断することは容易だ。問題は南シナ海とジャワ海を遮断する方法だ」

ウェード海軍大佐は長大な海域の封鎖策を立案した。

「インドネシアのブリトゥン島に地対艦ミサイル部隊を配備し、カリマタ海峡とガスパル海峡を地対艦ミサイルの射程に収めて遮断態勢をとる。ただしバンカ島とスマトラ島のあいだの水道部、バンカ海峡は、艦艇か機雷で封鎖する必要が生ずる。もちろん、インドネシア政府の協力が必要となるし、インドネシア軍にも日本製地対艦ミサイルシステムを供給しなければならなくなる。

ただし、インドネシアはフィリピンやマレーシアと違い、中国とは直接的に領域紛争を抱えていないため、対中国海上封鎖作戦に積極的に参加するかどうか、一抹《いちまつ》の不安は残る」

ハンター海軍中佐は、以下のように補足する。

「たしかにインドネシアは南沙諸島紛争には無関係だ。しかしながら、中国は不明確な九段線の概念を振りかざし、インドネシア領のナトゥナ諸島北方海域まで触手を伸ばしつつある。このような中国の動きに対しインドネシア政府や軍部はピリピリしており、ナトゥナ諸島やアナンバス諸島などの南シナ海最南端のインドネシア領域を防御する態勢を強化するという目的のためならば、対中国海上封鎖作戦に参加することは間違いないだろう」

シュスター海軍退役大佐の見解はこうだ。

「ナトゥナ諸島やアナンバス諸島の防衛を前面に押し出してインドネシアが参加する場合には、それら諸島内に地対艦ミサイル部隊を配備して周辺海域に睨みを利かせることになる。ただし、ナトゥナ諸島やアナンバス諸島が位置する、マレー半島とカリマンタン島（ボルネオ島）のあいだは六〇〇キロ近い距離があるため、ブングラン島（大ナトゥナ島）とアナンバス諸島のマタク島にそれぞれ地対艦ミサイル部隊を配置しても、六〇〇キロの海域を遮断することはできない。

しかし、マレーシア軍がマレー半島東南端にマラッカ海峡を封鎖するための地対艦ミサイルを配備すれば、その東側の射程圏は、幸いにもマタク島に配備された射程一五〇キロ以上の地対艦ミサイルの射程圏と重なり合う。そして、マレーシア軍あるいはインドネシア軍がカリマンタン島西端部に地対艦ミサイル部隊を配備すれば、ブングラン島とカリマンタン島のあいだも地対艦ミサイルで封鎖することが可能だ」

　ウェード海軍大佐は、以下のような懸念を示す。

「シンガポールに展開しているアメリカ海軍哨戒機と沿海域戦闘艦がインドネシア軍やマレーシア軍の海洋警戒態勢を補強することになるが、可能ならば空母部隊をカリマンタン島西岸とシンガポールとの中央付近の海域に展開させて、やや心許《こころもと》ない哨戒機や警戒機などの航空警戒態勢を強化したい。

　ただし、その海域は横須賀からだと三五〇〇海里（約六五〇〇キロ）強、超高速で順調に進出しても丸五日以上は必要になる。こうした距離の問題が気がかりなところではある」

　しかしハンター海軍中佐の見解はこうだ。

「心配はいらない。シンガポールの航空基地が利用可能ならば、空母部隊がカリマンタン島の東、マカッサル海峡に達した段階で、艦載機を南シナ海南端海域に展開させることができる。警戒任務後はシンガポールに帰着すればいい。マカッサル海峡に達した空母部隊は、二日ほどで目的海域に到達する。大丈夫だ」

中国へのシーレーンを遮断せよ！

日本海（津軽海峡と対馬海峡）、東シナ海（九州〜南西諸島〜台湾）、ルソン海峡、スールー海東端海域海峡部、南シナ海南端海域（カリマンタン島〜ナトゥナ諸島〜マレー半島）、それにマラッカ海峡をミサイルバリアによって遮断する態勢が完成すれば、中国海軍の艦艇をはじめ中国のすべての船舶は、もはや太平洋やインド洋にアクセスすることができなくなる。

このような態勢を構築するために必要な地対艦ミサイル部隊（日本の場合は「グレートバリア戦闘団」）は、日本に少なくとも八部隊、台湾に二部隊、フィリピンに四部隊、マレーシアに三部隊、インドネシアに四部隊必要ということになる。フィリピン、マレーシア、インドネシアの地対艦ミサイル部隊には、日本から地対艦ミサイルシステムが供与され、自衛隊が支援することによって形成されるのだ。

このほか自衛隊と米軍は、地上のミサイル部隊と指揮管制データリンクで連携している哨戒機や警戒機、それにミサイル駆逐艦や小型高速戦闘艦などを出動させて、地対艦ミサイルによって睨みを利かせる海域と空域を警戒監視する。そして場合によっては、拿捕活動などを実施することになる。

「このシナリオのような突発事態が万が一にも発生した場合には、各国の中国船を遮断する部隊を臨戦態勢に持って行くのには、六日程度を要する」

シュスター海軍退役大佐はこのように推定し、続けた。

「したがって、臨戦態勢が整う見込みの二日前になったら、日本政府とアメリカ政府は、シーレーン遮断通告を中国政府に突きつけることになろう。中国側に南シナ海沿岸諸国が同盟する状況を見せつけることによって、対日シーレーン遮断を解除させるのが目的であるわけだから、控えめな通告で事足りる。何といっても、中国の連中は面子《メンツ》を重んじるから、威圧的対応は、最後の最後まで差し控えておいたほうが得策だ」

地対艦ミサイルの威力を知る中国

「中国側にシーレーン遮断の通告を発するとともに、地対艦ミサイルを主力に据えた遮断戦略の概要、ならびに、いかに強力な地対艦ミサイルバリアを構築したかを中国側に宣伝する。なにしろ、地対艦ミサイルを用いての敵艦接近阻止戦略は中国自身の防衛戦略であるため、中国側も予測していることであろう。

しかしながら、日本周辺からシンガポールまでの海峡部がことごとく地対艦ミサイルの射程圏に収まってしまうことが現実のものとなると、事態の深刻さを考えざるを得なくなるはずだ」

中国海軍相手の情報戦で、中国人民解放軍側の思考傾向を熟知しているシュスター海軍退役大佐がそう語ると、ファラガット海軍大佐が以下のように指摘した。

「東シナ海ではともかく、南シナ海で圧倒的に優勢な海洋戦力を保持した中国には、どうしても傲慢《ごうまん》さが生じてしまう。残念なことに、このことは我が国自身が経験していることだ。我が海軍は、東アジア周辺海域では、圧倒的な優勢を保ち続けてきた。そのため、中国が様々な対艦ミサイルをそろえ始め、我が艦艇の接近を阻止する準備を始めたことに対しては、さして気にも留めていなかった。そうして警戒を怠っているうちに、中国の地対艦ミサイルをはじめとする各種対艦ミサイル戦力は、みるみる強力になってしまった。気づいたときには、冗談程度にしか考えていなかった対艦弾道ミサイルまでも生み出してしまう始末だ。

圧倒的に優勢な戦力を手にしている側は、とかく敵の動きを深刻に考えない傾向がある。人民解放軍も、この轍《てつ》を踏むことになるだろう」

たしかに「グレートバリア戦略」は、中国軍がアメリカ海軍を中国沿海に近づけさせないために地対艦ミサイルを主たる戦力とする戦略を、一八〇度反転させたものである。したがって、南シナ海や東シナ海周囲に地対艦ミサイルバリアが出現したという情報に接したならば、中国共産党ならびに中国人民解放軍の首脳部は、自らの戦略の価値を熟知しているゆえに、「グレートバリア戦略」の価値も評価せざるを得なくなる。

ミサイル戦の専門家の立場から、ウェード海軍大佐は確信を持って結論を述べる。

「地対艦ミサイルに関しては、中国はロシアと並んで先進国といえる。ただし、自衛隊の地対艦ミサイルは、アメリカで実射訓練などを繰り返しているため、人民解放軍の情報網をもってすれば、日本製の地対艦ミサイルの優秀さは十分に把握しているはずだ。

その日本製の地対艦ミサイルをずらりとそろえ、フィリピンやマレーシアそれにインドネシアまでが接近阻止態勢を固めてしまったのでは、とんでもなく厄介《やっかい》な障壁が立ちはだかったことを認めざるを得なくなる」

このように、中国共産党と中国人民解放軍の首脳が、「グレートバリア戦略」の価値や優秀な地対艦ミサイルの怖さを正当に評価すれば、対日シーレーン遮断通告を取り下げざるを得なくなると、対中戦略家たちは確信している。

ウェードは以下のように、補足して話を結んだ。

「ただし、中国側が対中シーレーン遮断通告に威圧されて引き下がったことが表沙汰《おもてざた》になると、国際社会に対してはもちろん、中国国内に向けても共産党政府の面子が潰れるし、一党独裁国家の常で、それが原因となり、政争が起きかねない。そのため、軍事衝突をも辞さない強硬姿勢に転じてしまうかもしれない。

したがって、我がほうから中国側に突きつける対中シーレーン遮断通告は、あくまで極秘に通告すべきであろう。我々の作戦目的は、中国に対日シーレーン遮断通告を解除させることであり、日米と同盟国によるミサイルバリアが現実のものであることを、中国首脳に見せつけることなのだ」

共産党の軍隊ゆえの武力衝突

高性能地対艦ミサイルシステムの威力、そして「グレートバリア戦略」の有効性を中国首脳が正しく受け止めた場合は、中国が日本に突きつけた対日シーレーン遮断通告は、有耶無耶《うやむや》のうちに消滅の道をたどることになる。そのことは、ほぼ確実と考えられる。

しかしながら、古今東西《ここんとうざい》の歴史が物語っているように、想定外の決断がもたらされることも否定できない。自己中心的な推測が客観的判断を押さえ込んでしまったときに、軍事衝突、そして戦争へと突き進んだ実例は、枚挙《まいきょ》に暇《いとま》がない。かつては日本自身もその轍《てつ》を踏み、強大な経済力、技術力、軍事力を有するアメリカとの戦争に突入した。

とりわけこのような傾向は、戦史や戦略に造詣《ぞうけい》が深い軍人や軍事専門家より、政治家や官僚などに顕著であるのが通例だ。したがって、中国共産党が軍隊を統制している中国では、軍事的合理性に立脚した判断が踏みにじられる可能性が民主国家より高い。

我々は、中国人民解放軍は国家の軍隊ではなく共産党の軍隊であることを、忘れてはならないのだ。

そのため、中国人民解放軍が地対艦ミサイルの威力を熟知しているといっても、中南海《ちゅうなんかい》(北京の中国政府の最高機関の所在地で、要人の居住区)の共産党最高幹部たちは、「いくら日本が地対艦ミサイルを並べて威嚇《いかく》しているとはいうものの、強力な人民解放軍を繰り出せば、アメリカの威を借るに過ぎない日本やフィリピンなどは、ミサイルを発射することなどできるはずがない」といった横車《よこぐるま》を押し通すかもしれない。

もちろん中国人民解放軍首脳にも、政治的野心や軍内部の権力闘争のために抗戦論を唱える勢力が存在するだろうし、そもそも日本の戦力を過小評価している首脳も少なくないので、その蓋然性《がいぜんせい》は高い。

このような理由により、これまで本書に登場した米軍関係者それに筆者は、中国人民解放軍が日本に押し寄せてきた場合、「グレートバリア戦略」はどのように作動するのか?　それをシミュレートしてみた。それが次章で紹介する「中国人民解放軍の宮古島侵攻」である。

第三章　中国人民解放軍が宮古島に侵攻する日

ベールに包まれた自衛隊ミサイル

〈二〇二X年一月一〇日午前六時：東シナ海〉

沖縄本島の西方を警戒飛行中の航空自衛隊E2D早期警戒機が、久米島の北西沖一五〇海里（約二八〇キロ）、東シナ海の日中中間線の中国側海域を南下している多数の船影を探知した。早期警戒機の情報を受けた海上自衛隊は、直ちにP1哨戒機を発進させるとともに、尖閣諸島方面海域を警戒中の駆逐艦「はるさめ」に警報を発した。

自衛隊が捕捉したこの船影は、高性能防空レーダーシステムを搭載する中国人民解放軍海軍のミサイル駆逐艦「長沙《ちょうさ》」が先導する艦隊であった。が、現時点では、日本側には特定できていない。

中国艦隊は、およそ一五〇〇名の海軍陸戦隊が分乗する三隻の揚陸艦、艦隊旗艦「長沙」をはじめとする八隻の駆逐艦、同じく八隻のフリゲート艦、予備のミサイルや弾薬を満載した戦闘補給艦で編成されている大艦隊。この艦隊が目指している場所は、およそ一六〇海里（約三〇〇キロ）南方に浮かぶ宮古島である。

〈九日前：一月一日：北京・中南海〉

「尊敬すべき共産党指導者たち、我が人民解放軍が日本自衛隊を難なく打ち破ると信頼してくださっていることは、我々総参謀部一同にとって、たいへん光栄なことです」

「Dデイ」すなわち宮古島上陸侵攻日の九日前、中南海の一隅で、中国共産党と中国人民解放軍の最高幹部たちによる中国共産党中央軍事委員会首脳会議が開催された。最高幹部たちに対し、中国人民解放軍総参謀部第一部主任（少将）がブリーフィングを行っていた。第一部は、軍事作戦全般を担当する部局である。

「宮古島侵攻作戦において、一つだけ危惧していることがあります。すなわち、日本の技術力であります。いつの時代でも科学技術の優劣が戦争の勝敗を決定的に左右するということは、アメリカの連中が常日頃、口にしていることですが、たしかに事実です。そして、人民解放軍の戦力が日本の自衛隊を上回るようになったといわれている今日においても、我々は日本の技術力を決して見くびってはなりません」

すると、国家主席が直接、尋ねてきた――「総参謀部第一部の諸君が心配しているのは、具体的にはどのような技術なのだ？」と。

「近頃、日本の自衛隊が東シナ海に面する島々や海峡部などに多数設置したといわれている地対艦ミサイルであります」

そう第一部主任が答えると、国家主席が問い返した。

「地対艦ミサイルの最高峰は、我が人民解放軍とロシア軍のものと聞いているが？　それに、ちっぽけな島に置いてある地対艦ミサイルなど、攻撃機や軍艦からのミサイルで吹き飛ばしてしまえばよいではないか？」

第一部主任は縮み上がりながら答える。

「……たしかに、我が軍の地対艦ミサイルは、質量ともに日本自衛隊を上回っておりました。しかし、日本は作れなかったのではなく、作らなかったのです。

ここ数年、日本の連中も、ようやくアメリカに頼り切ることが危険だと考えるようになってきました。そのため地対艦ミサイル部隊を編成し、東シナ海沿岸に多数、配備しております。その配備数は不明であり、一〇〇基を出る程度かもしれませんし、数百基かもしれません……あるいは一〇〇〇基を超すかも……」

軍事課報組織を束ねる総参謀部第二部主任が補足した。

「地対艦ミサイルだけではなく、日本の兵器の情報は、意外なことではありますが、アメリカ以上に入手が困難で、総参謀部第二部としても、非常にてこずっております。自衛隊だけではなく、開発・製造に関わっている企業関係者からも、情報を引き出すことができません。

そのため、日本自衛隊の地対艦ミサイルの詳細情報は不明です。また、地対艦ミサイルの配備地域は、おおよそのところは明かされておりますが、数だけでなく、どのように格納されており、どのように配置に就いているのか、また、どのように移動するのかに関しては、把握できないのです」

総参謀部の懸念に対し、海軍司令員（中国海軍のトップ）が立ち上がった。

「総参謀部では、日本の地対艦ミサイルを過大評価しているようです。たしかに南西諸島に地対艦ミサイル部隊を配置していることは事実です。しかし、あの軍事音痴の日本政府が、やるからには徹底的にという軍事の鉄則に従って強力な地対艦ミサイル部隊を配置することなど、考えられません。

強力な地対艦ミサイル部隊とは、三〇〇発、いや五〇〇〇発の地対艦ミサイルで迎え撃つというような態勢を意味します。日本の技術は侮れませんが、いくら質が高くても数が付いてこなければ、宝の持ち腐れとなるでしょう」

ロケット軍司令員も、海軍司令員の意見に同調した。

「数年前、鳴り物入りで、南西諸島への地対艦ミサイル部隊の配置にゴーサインが出されました。が、各島に配備されることになった地対艦ミサイル部隊が保有するミサイルは、最大でも四八発、連射できるのは、たったの二四発に過ぎませんでした。

その後、日本がどれだけ地対艦ミサイル戦力を強化したのかは、総参謀部第二部が指摘したように、正確な数字は分かりません。が、たとえば宮古島に数百発の地対艦ミサイルを配備するなどといった思い切った増強は、日本の連中にできる芸当ではありません」

それに勢いを得て、海軍司令員が口角泡《こうかくあわ》を飛ばす。

「我が新鋭駆逐艦には六〇発の対空ミサイルが搭載してあり、その他の駆逐艦やフリゲート艦にも二〇～四〇発の対空ミサイルが搭載してある。今回の侵攻艦隊には、合わせて五〇〇発以上もの対空ミサイルが搭載してあるのです。

考えにくいことですが、たとえ二〇〇～三〇〇発の地対艦ミサイルによる攻撃を受けても、全弾撃破することができる……心配ご無用です」

海軍司令員の自信を確認して、「宮古島侵攻作戦こそが、いつまでも決着のつかない東シナ海の領域画定問題を一気に片付ける妙案だ」――そう以前から考えていた国家主席が口を開いた。

「たしかに海軍司令員のいう通り、アメリカのご機嫌伺《きげんうかが》いしかできない日本に、思い切った軍事的施策を実行することなどできようはずもない。予定通り、一気に宮古島を占領してしまい、中国の歴史的領土である先島諸島の国土回復を成し遂げ、東シナ海を我が中国の海にしてしまおうではないか。上陸決行日は一月一〇日だ！」

総参謀部第一部主任と総参謀部第二部主任は、口をそろえて反論した。

「しかし、日本という狡猾《こうかつ》な敵を、決して侮ってはなりません……」
「大量の地対艦ミサイルが配備されている可能性も捨て切れません……」

中国潜水艦の東シナ海での弱点

〈一月七日：日中暫定《ざんてい》措置《そち》水域〉
「Dデイ」の三日前、浙江《せっこう》省沿岸各地では、大型漁船から木造旧式漁船まで大小新旧様々な漁船数百隻が、明け方から次々と出港を始めた。それら夥《おびただ》しい数の漁船は、日中暫定措置水域の南部海域を目指して東シナ海を進んだ。この日の午後、南部海域は、まさに中国漁船で埋め尽くされてしまった。

多くの漁船とともに、中国の沿岸警備隊たる海警局の大小様々な巡視船も、多数この海域に出動してきた。このような状態は翌一月八日まで続き、沖縄本島や宮古島から出漁中の日本漁船の周囲は、見渡す限り、びっしりと浮かんでいる中国漁船や海警局巡視船という状況になってしまった。

日本漁船の大半は小型船であり、大型の中国船に取り囲まれてしまい、身の危険すら感じるようになってしまったため、操業を諦めざるを得なくなった。そうして母港目指して撤収を始めた。

〈一月八日：象山《ぞうざん》潜水艦基地〉

そのころ中国人民解放軍海軍象山潜水艦基地からは、やや旧式の宋型《そうがた》潜水艦二隻、強力な武装を施されているキロ級636型潜水艦二隻、それに新鋭の元型《げんがた》潜水艦二隻、合わせて六隻の通常動力潜水艦が出撃した。

東シナ海は平べったい浅海であることに加え、海上自衛隊の哨戒機の監視態勢が強化されたため、中国海軍東海艦隊司令部は、宮古島侵攻作戦への潜水艦投入を断念した。ただし、日本側の注意を引き付けるためと、侵攻作戦中に自衛隊による中国沿岸域への反撃があった場合に備え、宮古島海域とは距離がある東シナ海中部海域へ、六隻の潜水艦は送り出されたのだ。

中国海軍作戦家たちが考えていた通り、出撃よりおよそ一二時間後、奄美大島方向に向かってゆっくりと潜航中の宋型潜水艦一隻は、海上自衛隊P1哨戒機に探知された。海上自衛隊は、日中中間線を越えて日本側に向かっている中国潜水艦の追尾を続けるとともに、佐世保から駆逐艦「ありあけ」を派遣した。「ありあけ」が奄美大島西方沖の予定遭遇海域に到着するのは一〇時間後と考えられている。

〈一月九日午前：尖閣諸島周辺海域〉

「Dデイ」の前日、中国漁船の一部は、といっても一〇〇隻以上の数に上るのだが、日中暫定措置水域の南端（北緯二七度線）を越えて尖閣諸島周辺海域へと向かった。実はそれらの漁船は海上民兵の訓練を受けた漁民たちが操船するものであり、そこに中国海軍特殊部隊員たちも乗り込んでいた。そして、これらの漁船は、大正島《たいしょうじま》沖や久場島《くばしま》沖の日本接続水域に侵入を始めた。

大挙して押しかけて来た中国漁船から日本漁船を保護するために、そして中国漁船の日本領海での操業を阻止するために、尖閣諸島周辺海域を監視中の海上保安庁巡視船は、漁船が蝟集《いしゅう》している水域へと急行した。

宮古島侵攻艦隊の出撃

〈一月九日午後：上海《シャンハイ》&温州《おんしゅう》〉

その日の昼過ぎ、中国海軍が誇る新鋭081型強襲揚陸艦「会稽山《かいけいざん》」は、戦闘補給艦と二隻の駆逐艦を伴って上海呉淞《ウーソン》のバースを離岸し、黄浦江《こうほこう》を東シナ海に向けてゆっくりと進んでいった。満載排水量二万トンを超える「会稽山」には、合わせて七〇〇名の中国海軍陸戦隊の精鋭が乗艦していた。

陸戦隊に加え、一〇機のヘリコプターと二機の上陸用ホバークラフト、それに一〇両の水陸両用戦車を搭載した「会稽山」は、東シナ海に乗り出すと、二〇ノット（時速約四〇キロ）で侵攻艦隊編成地点である宮古島の北北西沖一五〇海里（約二八〇キロ）を目指した。

同じ頃、一週間ほど前から温州港のコンテナ船ターミナルに着岸していた南海艦隊所属の071型輸送揚陸艦「井崗山《せいこうざん》」と「長白山《ちょうはくさん》」も、中国海軍陸戦隊将兵六〇〇名を分乗させ、それぞれ二機のヘリコプターと四基の上陸用ホバークラフト、それに軽装甲車両を二〇両ずつ搭載し、上海から来る「会稽山」戦隊との合流地点へ向けて出航した。こちらの戦隊には四隻のフリゲート艦が護衛に就いている。

上海と温州から水陸両用戦隊が出動したのと前後して、寧波《ニンポー》、舟山《しゅうざん》、象山、台州《だいしゅう》などでも動きがあった。分散して出撃準備を整えていた宮古島侵攻作戦旗艦のミサイル駆逐艦「長沙」をはじめ、合わせて六隻の駆逐艦と四隻のフリゲート艦が、粛々《しゅくしゅく》と、会合地点を目指して静かに出撃していったのだ。

上海から温州に至る東シナ海沿岸各地からバラバラに進発した二〇隻の中国艦が、会合地点で合流して大艦隊となるのは、「Dデイ」の午前三時である。

〈一月九日夕刻：尖閣諸島周辺の日本接続水域〉

宮古島侵攻艦隊を形作る中国海軍艦艇がそれぞれに東シナ海を南東に向かって進んでいるころ——尖閣諸島周辺の日本接続水域のあちらこちらでは、一〇〇隻以上の大小様々な中国漁船に対して、日中暫定措置水域外での操業に対する取り締まりを行うべく接近した海上保安庁の巡視船が、逆に多くの中国漁船や中国海警局巡視船に取り囲まれてしまっていた。

中国漁船群と対峙《たいじ》する海上保安庁の巡視船には、ヘリコプターも搭載している大型の「やしま」（五三〇〇トン）や「りゅうきゅう」（三一〇〇トン）が加わっているが、他の六隻は、機動力は高いが比較的小型（一〇〇〇トン級「くにがみ」型）である。

これに対して中国海警局は、一万二〇〇〇トン級の超大型巡視船をはじめ五〇〇〇トンクラスから三〇〇〇トンクラスと、日本側に比べて大型の巡視船を一〇隻も派遣してきている。船体の大きさだけでなく、中国海警局の巡視船は軍艦構造となっており、強力な武装が施されているものも多い。

巡視船だけでなく、海上特殊作戦の訓練を受けた海軍兵士や海上民兵が乗り込んだ中国漁船は、目に見える形での武装は施されていないものの、衝突戦法をはじめとする「戦闘能力」は、海上保安庁巡視船より強力なものも少なくない。

このような劣勢のなか八隻の海上保安庁巡視船は、「万が一、中国海警局の武装巡視船に我々が沈められても、それは海上自衛隊の反撃に正義を与え、日本の海を守るきっかけになる」との決意に満ちあふれていた。果敢に中国船への取り締まりを実施したのだ。

〈一月一〇日午前三時：東シナ海の日中中間線付近海域〉

「Dデイ」午前三時、予定通り、旗艦「長沙」をはじめとする二〇隻の中国艦は合流し、宮古島侵攻艦隊が編制された。艦隊は日中中間線を目指して南下を開始した。日中中間線を通過するころからは、艦隊は速度を三〇ノット（時速約六〇キロ）近くに上げていた。

そろそろ航空自衛隊警戒機か海上自衛隊哨戒機に発見されるであろうことは、日本の警戒監視能力をもってすれば避けられないと、侵攻艦隊の指揮官たちは確信していた。実際に、午前六時、侵攻艦隊が久米島北西沖一二五海里（約二三〇キロ）・宮古島北沖一八〇海里の日本側海域を航行しているところを、航空自衛隊のE2D早期警戒機が発見した。

ただし、この時点では、日本側は艦隊の詳細までは把握《はあく》できなかった。そして、一〇日ほど前に中国外交部が公表した「近日中に多数の人民解放軍軍艦と航空機が参加し、西太平洋で機動訓練を実施する」という通告通り、宮古海峡（沖縄本島と宮古島のあいだの海域）を抜けて西太平洋に展開する多くの中国艦ではないかと考えた。

もちろん中国艦艇の動向を詳細に把握するため、那覇に前進司令部を置く海上自衛隊は、警戒飛行中のP３C哨戒機に対し、中国艦隊と思《おぼ》しき船群が南下している海域に向かうよう指示。それとともに、P1哨戒機を発進させた。加えて、尖閣諸島周辺海域で海上保安庁巡視船と連絡を取りつつ中国漁船群（実は海上民兵船）を遠巻きに監視している駆逐艦「はるさめ」にも、中国艦隊らしき船団の動向を通報した。

併走する中国海警船と海自駆逐艦

〈一月一〇日午前六時二五分：尖閣諸島周辺の日本接続水域〉

ところがその「はるさめ」は、南下しつつある不審船団方面に急行することができない状況に直面していた。なぜか？

海上保安庁の巡視船八隻は、大型で軍艦構造の中国海警局の巡視船による体当たり戦法を警戒しつつ、一〇〇隻を超える中国漁船を日本領海から追い払うべく獅子《しし》奮迅《ふんじん》の働きをしていた。ところが、日本側が警戒していた中国の巡視船ではなく、漁船が大型巡視船「やしま」の舷側《げんそく》めがけて突進してきた。この大型漁船に衝突されるのを回避するために「やしま」は全速力で回頭し、衝突回避に成功した。

そのとき「やしま」の前方に小型木造漁船が突っ込んできた。さしもの「やしま」も今回は回避することができず、海上保安庁が誇る五三〇〇トンの巡視船の船首が小型漁船の右舷に乗り上げてしまった。六〇トンの中国木造漁船は真っ二つになり、たちどころに沈没した。

実は、この衝突沈没劇は、海上民兵と海軍特殊部隊将兵が操船していた大型漁船と小型木造漁船が巧みに連携して引き起こした「海上特殊作戦」であった。その一部始終は、直近で監視活動に従事していた中国海警局巡視船が克明に撮影していた。

衝突沈没現場には、二隻の中国海警局巡視船と三隻の中国漁船が急行し、波間に漂う沈没船の「漁民」たちの救出に取り掛かった。同時に、中国海警局大型巡視船「海警３９０１」（一万二〇〇〇トン）は七六ミリ機関砲の射撃態勢をとりながら、「やしま」に停船を命じつつ急接近した。

このような非常事態を目《ま》の当たりにした海自駆逐艦「はるさめ」は、沈没現場に接近したものの、軍艦が介入する事案ではないうえに、下手に巻き込まれると、それこそ大きなトラブルに発展しかねないと判断した。そのため、それ以上の接近は控え、事態を見守ることにした。

ただし、「やしま」に接近している「海警３９０１」は、ミサイルこそ搭載していないが、巡視船としては強力な武装が施されているうえ、海保「やしま」や海自「はるさめ」よりも巨大な「軍艦」である。そのため「はるさめ」艦長は、万一の事態に備えて戦闘態勢を命じた。

〈一月一〇日午前六時四五分：尖閣諸島周辺の日本接続水域〉

ところが、その海自駆逐艦「はるさめ」に五隻の中国漁船が高速で接近してきた。そして、それらの漁船と「はるさめ」のあいだを遮《さえぎ》るように、中国海警局巡視船「海警2501」も接近してきた。

それら漁船は五星紅旗《ごせいこうき》を掲げており、有能な海自監視員の目視《もくし》によって判読した識別番号も、中国漁船として登録されていることが「即時照会システム」により確認された。そのため軍艦に対して急接近してくるそれら中国漁船を「テロ船舶」として自衛攻撃することはできず、「はるさめ」艦長は「取り舵いっぱい急げ！　速力前進いっぱい！」を命じ、左に急回頭し、右舷前方から猛進してくる中国漁船の群れをかわそうとした。

しかし二隻の小型中国漁船（実は偽装した海軍特殊部隊高速艇）は、スピードを五〇ノット（時速約九〇キロ）近くに上げて、「はるさめ」の進行方向に突入した。海自駆逐艦が中国漁船を沈めるという深刻な事態をなんとしても避けようと、「はるさめ」艦長は、艦のエンジンを破損させる可能性もある「クラッシュ・アスターン」、すなわち全速後進を命じた。

が、もちろん六一〇〇トンの駆逐艦が直ちに停船するはずもなく、「はるさめ」は一隻の中国漁船を粉砕し、衝突現場の九〇〇メートルほど先で停船した。

東シナ海に投げ出された漁民（実は海軍特殊部隊将兵）の捜索救助活動は漁船群に当たらせて、「海警２５０１」は「はるさめ」に接舷すれすれまで接近、「中国漁船を撃沈したことを厳重に抗議する」「停船状態を維持せよ」との通告をなしてきた。

この「海警２５０１」は満載排水量六五〇〇トン・全長一二〇メートルで、「はるさめ」（満載排水量六一〇〇トン・全長一五〇メートル）と互角の船体である。沿岸警備隊巡視船である「海警２５０１」は、駆逐艦「はるさめ」のようにミサイルや魚雷は搭載していないし、機関砲の搭載数も少ない。しかし接舷状態にあるため、「はるさめ」はミサイルや魚雷や主機関砲を使うことができない。

「はるさめ」の海自隊員たちが驚いたことには、「海警２５０１」の甲板には、武装した海警隊員たちが戦闘隊形をとっており、なかにはライフルや携帯式対戦車ミサイルを構えている者も視認できた。

計算し尽くされた中国の開戦通告

〈一月一〇日午前七時一五分：東京・首相官邸〉

二隻の中国漁船「沈没事件」発生と同時に、中国政府は外交ルートを通じ、日本政府に対して「海上保安庁巡視船ならびに海上自衛隊駆逐艦が中国漁船二隻を衝角《しょうかく》戦法によって撃沈したことは、はなはだ遺憾《いかん》であるだけでなく、もはや戦争行為と見なさざるを得ない。中国海警局ならびに中国海軍は、中国漁船を日本側の武力行使から保護するためにあらゆる手段を取る」旨の通告をなしてきた。

この時点で首相には、国土交通省ならびに防衛省から、事件発生の報告は届いていなかった。しかし、中国政府がこのような通告をしてきたために、首相は直ちに「防衛事態指導委員会」を招集した。

新たに組織されていた「防衛事態指導委員会」は、中国海洋戦力の強大化とアメリカ極東戦力の相対的弱体化の結果を受けて創設された。中国による対日軍事攻撃という最悪の事態発生に備えて組織された真の軍事専門家集団で、統合幕僚長とともに首相を直接補佐することになっている。

国家安全保障会議のメンバー全員に連絡が行き渡ったころには、すでに新設の「防衛事態指導委員会」が、防衛省、自衛隊の前線司令部、海上保安庁、それに在日米軍司令部などとのデータリンクを確立し、作戦司令所はフル稼働を開始していた。

ただし、「防衛事態指導委員会」が防衛省や自衛隊、海上保安庁から詳細情報を入手する以前に、「撃沈事件」の克明な情報は、インターネットで世界中を駆け回っていた。

中国共産党政府、中国人民解放軍、そして「人民日報」や「環球時報《かんきゅうじほう》」といった共産党系メディアなどのウェブサイトには、一斉に「海警３９０１」と「海警２５０１」が撮影した高画質の「日本巡視船によって真っ二つにされる中国漁船」「日本駆逐艦によって粉砕される中国漁船」「中国海警局隊員と仲間の漁民たちに救出される被害船の漁民たち」の映像と写真が掲載されていた。一〇ヵ国語で書かれたそれら記事に対する世界中からのアクセス件数は、爆発的に上昇し続けている。

それらの衝撃的な映像とともに、以下の声明も発表された。

「かねてより東シナ海での領有権拡大を画策している日本は、数年前に平和憲法の精神をかなぐり捨ててから、軍事的侵略の機会をうかがっていた。そのような野心を持った日本が、ついに牙《きば》を剝き出して、巡視船や軍艦を中国漁船に衝突させて撃沈するという暴挙に出た。中国政府は、やむを得ず武力を用いて中国漁民を保護するとともに、東シナ海における中国の核心的利益がこれ以上、日本の武力によって侵害されないよう、全人民解放軍に反撃命令を発した」

――そう、「自衛のための反撃声明」すなわち実質的な開戦通告を、日本政府と国際社会に向けて発信したのである。

〈一月一〇日午前七時三〇分：宮古島北北西沖一四〇海里（約二六〇キロ）〉

インターネットで瞬時に世界を駆け巡った中国人民解放軍による日本に対する「自衛のための反撃声明」は、午前七時三〇分、外交ルートで日本政府に対し、公式に通告された。その公式通告では、すでにインターネットで表明されていた文面に加え、以下のように述べられていた。

「中国漁船が、中国の主権的海域において、日本側の武力の行使によって沈められてしまった事件に対する対日武力攻撃は、国連憲章に照らしても、自衛権の行使として完全に正当である。これより人民解放軍は、日本政府が東シナ海での中国の領域を侵害している状況を解消し、中国の漁民の安全が完全に確保されるようになるまでのあいだ、古来、中国の領域であった琉球《りゅうきゅう》諸島の宮古島を保障占領する」

——まさに宣戦布告である。

このころ、二〇隻からなる中国人民解放軍の宮古島侵攻艦隊は、宮古島の北北西沖およそ一四〇海里（約二六〇キロ）の東シナ海上を、三〇ノット（時速約六〇キロ）のスピードを維持して南下し続けていた。中国艦隊は、あと五時間程度で宮古島に到達する。

中国政府が開戦通告をなしたからには、航空自衛隊の嘉手納《かでな》航空基地と新設された「下地島航空基地」から、強力な対艦攻撃力を誇るＦ２戦闘機が殺到してくる——このことが、中国人民解放軍の作戦計画でも予想されていた。そのため、侵攻艦隊の前方上空には、東シナ海沿岸の航空基地から、海軍航空隊と空軍の戦闘機がローテーションで飛来し、警戒を続けていた。

もちろん侵攻艦隊の後方上空には中国空軍の早期警戒機が飛行しており、嘉手納航空基地と下地島航空基地を完全にモニターしている。さらに宮古島の北北西一六〇海里（約三〇〇キロ）海上には、就役間もない中国国産新鋭空母「山東《さんとう》」と空母「遼寧《りょうねい》」が、強力な武装を施した新鋭戦闘機を艦載して、航空自衛隊戦闘機の出動を待っている。

このように中国の侵攻軍は、宮古島に殺到する二〇隻の侵攻艦隊に加え、八〇機の空母艦載機と沿岸航空基地から発進する戦闘機や爆撃機など五〇〇機以上にのぼる航空機で形成されている。まさに本格的な戦争にふさわしい陣容である。

首相の焦り、統合幕僚長の確信

〈一月一〇日午前七時四〇分：尖閣諸島周辺の日本接続水域〉

公式開戦通告もインターネットで公開されたため、直ちに世界中のメディアの知るところとなった。もちろん日本のメディアは、戦闘が現実に勃発《ぼっぱつ》する事態に直面し、「この世の終わり」かのようなヒステリックな報道を垂れ流し始めた。

ようやく首相官邸に集まりだした、国家安全保障会議を構成する首相をはじめ政府首脳の多くも、これまで七〇年以上も経験したことがない前代未聞《ぜんだいみもん》の事態に、「なぜ自分の任期中にこのようなことが起きてしまったのか？」と、呆然《ぼうぜん》としていた。

初めて実戦に直面するのは政治家だけではない。「海警２５０１」と接舷状態にある「はるさめ」の艦長をはじめ、自衛隊員にとっても、同じことであった。ただし政治家とは違い、命のやり取りをする訓練を重ねてきた「はるさめ」の指揮官や乗組員たちは、まったくうろたえなかった。近頃ますます充実してきた実戦的訓練で身に付けた、このような事態への対処方針通り、「はるさめ」は「海警２５０１」と交信を開始した。

「貴艦の中国海警局員たちは小火器やＲＰＧ（携帯式対戦車ロケット）の類いで本艦を攻撃する態勢をとっているようであるが、それらの火力だけでは本艦にかすり傷を負わせることしかできない。本艦は、貴艦と距離さえとってしまえば、ミサイルや魚雷によって、一〇〇パーセント貴艦を撃沈することが可能であるし、我々はそれまでの間に受ける犠牲は厭《いと》わない。

ただし本艦が貴艦を撃沈すると、周辺に蝟集《いしゅう》している中国漁船も多数が巻き添えを被り《こうむ》かねない。そこで提案だが、本艦は貴艦や中国漁船に危害を加えず、当海域から離脱しよう。その代わり中国側も、本艦ならびに海上保安庁巡視船『やしま』への無駄な攻撃は控えられたい」

「海警2501」の艦長は、日本側の提案を、寧波《ニンポー》の宮古島侵攻作戦司令部に転送した。すると司令部からは、

「どうせ『はるさめ』や『やしま』は、遠からずして我が艦隊かミサイル爆撃機によって撃沈される運命にある。現段階で『海警2501』や周辺の海上民兵偽装漁船を危険にさらしてまで、日本側と戦闘を交《まじ》える必要はない。とっとと離脱させよ」

そう指示がなされた。

「はるさめ」指揮官たちの沈着冷静な対応と、中国人民解放軍側の「大いなる慢心」のおかげで、巡視船「やしま」と駆逐艦「はるさめ」は、それぞれ衝突現場から離脱し、南方の宮古島に向かって速度を上げていった。

〈一月一〇日午前七時五〇分：東京・首相官邸〉

そのころ東京では「防衛事態指導委員会」により、首相をはじめとする国家安全保障会議の閣僚たちや担当者たちに対するブリーフィングが始まっていた。

「すでに中国艦隊は宮古島に数時間のところまで迫ってきているとのことだが、自衛隊はまだ攻撃を加えることはできないのか？」

首相が尋ねると、「防衛事態指導委員会」の構成員である自衛隊統合幕僚長が答えた。

「下地島航空基地と嘉手納航空基地から戦闘攻撃機を送り出す場合、下地島からならば一五分以内に、嘉手納からですと二〇分程度で中国艦隊を攻撃することができます。ただし、中国艦隊を攻撃する前に、敵が繰り出してくる戦闘機を追い払うため、まずは戦闘機を送り出す必要があります」

首相が怪訝《けげん》そうに聞き返す。

「それなら、なぜ早く戦闘機を出動させないのだ？　敵が近づいてきてしまうではないか」

統合幕僚長が冷静に答える。

「中国軍の戦闘機や艦艇を攻撃するには、どうしても侵攻艦隊の一五〇キロ以内に接近しないと、大きな戦果を上げることはできないのです。接近しますと敵艦からの対空ミサイルの餌食《えじき》になる可能性が大きいので、迎撃戦劈頭《へきとう》では航空攻撃はさし控える方針なのです」

政治家のわりには軍事的知識を持ち合わせている首相が、続けて問い質《ただ》した。

「ということは、護衛艦でやっつけるということか？　それとも潜水艦で攻撃するのか？」

すると、海上自衛官である統合幕僚長が立ち上がった。

「今回、潜水艦は用いません。そもそもアメリカや中国などの攻撃型原子力潜水艦と違い、海上自衛隊の潜水艦は、敵を待ち伏せて攻撃する兵器なのです。現在、宮古島周辺には一隻の潜水艦が展開中ですが、それは宮古海峡を警戒しており、中国艦隊の侵攻ルートとは無関係です。あと二隻の潜水艦が東シナ海で作戦中ですが、それらは数日前に発見した中国潜水艦に対処するため、奄美大島から沖縄本島の沖合海中で待ち伏せ中です」

統合幕僚長は続ける。

「また、海上自衛隊のミサイル駆逐艦が三隻と『かげろう型』高速コルベット艦三隻が、宮古島と石垣島を本拠にしている高速コルベット艦六隻を増強するため、現在、宮古海峡を宮古島沖に向かって急行中です。

ただし宮古海峡などと呼ばれておりますが、那覇基地から宮古島の平良前進基地までは、三〇〇キロほどもあるのです。直線距離でいいますと、首相官邸から仙台といったところでしょう。したがって、高速コルベット艦でも四時間程度、駆逐艦ですと五時間以上かかってしまい、中国艦隊の宮古島到着には間に合いません」

首相の頰《ほお》に朱が差す。

「まったく話にならないではないか！」

しかし、統合幕僚長はあくまで冷静だ。

「ただし、日露戦争の日本海大海戦のように、艦隊同士が接近して大砲をぶっぱなし合いながら戦う時代ではありません。軍艦に搭載してある対艦ミサイルは、一五〇キロから二〇〇キロ先の敵艦を攻撃することができます。我々の算定では、あと二時間半もすると、中国艦隊を完全にミサイル射程圏に収めることができるようになります。しかし、それは同時に、我がほうの艦艇も中国艦隊からのミサイル攻撃圏内に突入することを意味するのです」

この言葉に、首相は動揺の色を隠せない。

「……それでは、ミサイルの撃ち合いということになるのか？」

統合幕僚長は忍耐強く説明を続けた。

「いいえ、違います。哨戒機や早期警戒機、そして大金を投じて入手した無人偵察機グローバルホークの情報を総合しますと、中国艦隊には揚陸艦《ようりくかん》の他に駆逐艦とフリゲート艦が多数加わっております。佐世保や呉《くれ》からも駆逐艦が向かっておりますが、とりあえず宮古島周辺での海上自衛隊の戦力は、駆逐艦四隻と高速コルベット艦六隻に過ぎません。彼我《ひが》の艦艇に搭載してあるミサイルの数を考えると、現時点では中国艦隊への攻撃は避けて、敵からの攻撃も回避する、というのが我々の方針です」

首相は声を荒らげる。

「航空機による攻撃もしない、軍艦による攻撃もしない、なんのために莫大な予算を投入して、南西《なんせい》諸島の自衛隊を強化してきたのか分からないではないかっ、何を考えているのだ！」

すると統合幕僚長は右手の掌《てのひら》を首相に向け、クールダウンの仕草を見せる。

「……陸上自衛隊がおります。『グレートバリア戦闘団』が配置されていることを忘れないでください」

首相はそれでも引き下がらない。

「敵方からは軍艦と航空機が向かってきているのに、海自と空自ではなく陸自で立ち向かうとは、一体どういう了見なのか！」

統合幕僚長は軽く頭を振るしかない。「そんなことも知らないのか」のジェスチャーに見えなくもないが、ここまで来れば仕方がない。

「日露戦争時の明治天皇の故事に倣《なら》って、ここにおられる閣僚の皆様はじめ国会議員の方々が、議員歳費の二〇パーセントを返上して取りそろえた大量の地対艦ミサイルをお忘れですか？」

首相は、まだ、不安げだ。

「……その地対艦ミサイルは、島に立てこもった陸自部隊が、最後の抵抗をするための最終兵器ではないのか？」

ここで初めて「防衛事態指導委員会」のミサイル防衛戦責任者が口を開いた。

「総理、そうではありません。南西諸島防衛では、地対艦ミサイルが尖兵《せんぺい》となるのです。

たしかに歴史を振り返ると、かつては敵の軍艦に対し先《ま》ずは軍艦で立ち向かい、沿岸に設置した大砲は最後の防御手段でした。航空機が登場すると、最初に航空機、次いで軍艦という具合になりましたが、沿岸砲は依然として最終防衛手段の一つでした。ただ地対艦ミサイルは沿岸砲に代わるものとして登場しましたが、現在の最新地対艦ミサイルは射程と命中精度が飛躍的に強力になったので、様々な用い方ができるようになったのです」

首相は狐《きつね》につままれたような顔をして聞いているが、説明は続けられた。

「我が国が急速に配備を進めた純国産の地対艦ミサイルは、世界でも屈指の性能を誇っております。中国の実現性も含めてミステリアスな兵器たる対艦弾道ミサイル以外には、我が地対艦ミサイルを凌駕《りょうが》するミサイルはありません。人民解放軍の戦略家たちも、おそらくは我々の地対艦ミサイルを警戒していると思います。

ただし今回、無謀にも宮古島に侵攻してきているということは、我が地対艦ミサイルバリアの実力を見くびってしまうという大きな過《あやま》ちを犯したことを意味しています」

すると統合幕僚長は、国家安全保障会議の閣僚たちを見回しながら、以下のように宣言した。

「三年間で一兆円以上の予算を投入して、我々が構築した南西諸島の防衛態勢は完璧《かんぺき》です。日本の技術の粋《すい》を集めた一〇〇〇発近い地対艦ミサイルが、中国の侵攻軍を、一歩も宮古島には上陸させません。日本国民とともに皆様も、あと数時間後には、その通りの結果を目にすることになるでしょう。我々の『グレートバリア戦略』を信頼してください!」

首相の顔には、初めて安堵《あんど》の表情が浮かんだ。声音も力強くなった。

「統合幕僚長や委員会の諸君が、そこまで自信たっぷりなのには少々驚いたが、おかげで私にも勝利の確信が湧いてきた。国民にも希望が持てるような声明を、すぐに発表しよう」

手薬煉を引いて待つミサイル連隊

〈一月一〇日午前八時:宮古島〉

午前八時に放送された「中国軍を宮古島に接近させない態勢は万全です。国民の皆さんは決してパニックに陥らず、政府と自衛隊を信頼してください」という首相声明を聞いたからといって、現在も中国艦隊が向かっている宮古島の島民たちは、落ち着いてなどいられない。それは当然だ。ここは島……すでに航空会社も船会社も、宮古島便は、すべて欠航にしてしまった。

そのような宮古島の住民に、こんな島内放送が聞こえてきた。

「我が『宮古島グレートバリア戦闘団』においては、大量のミサイルによる迎撃準備態勢が整っております。敵の艦艇や航空機が宮古島に接近することは、絶対に不可能です。

ただ敵艦へのミサイル攻撃中は、各種大型車両が、国道三九〇号、県道七八号、県道八三号を中心に行《ゆ》き交《か》いますので、極力、外出は控えるようお願いいたします。くれぐれも我々を信じて、ご安心ください」

島じゅうに展開した陸自戦術トラックや軽装甲機動車からの放送だ。

改めて書くが、「グレートバリア戦闘団」とは、与那国島、石垣島、宮古島、久米島、沖縄本島、奄美大島に設置された陸上自衛隊のミサイル戦力を中核とした防衛部隊である。これら部隊は「改良型12式地対艦ミサイル」と「改良型03式地対空ミサイル」を装備する。水陸両用作戦能力にも秀《ひい》で、機動力にも富んだ、機械化精鋭部隊である。

安倍晋三の第二次政権下で、島嶼防衛を一歩前進させるために承認された先島諸島への部隊配備計画では、地対艦ミサイル部隊や地対空ミサイル部隊が配備される予定であった。が、ミサイル部隊の規模も対艦ミサイルの数も少なく、結局のところ、地対艦ミサイルには最後の防衛手段としての伝統的役割を与えられていただけであった。

そのように中途半端な、島嶼防衛構想の域を抜け切れなかったものとは違い、「宮古島グレートバリア戦闘団」をはじめとし、東シナ海沿海域に展開している「グレートバリア戦闘団」は、地対艦ミサイルが主役となる二一世紀版の防衛戦略におけるハイテク機械化部隊だ。

その「宮古島グレートバリア戦闘団」は、宮古島各地の偽装建造物や洞窟式のミサイル発射ポイントに緊急展開した「改良型12式地対艦ミサイル」の攻撃態勢を万全にしていた。それぞれ六発の地対艦ミサイルを搭載してスタンバイしているミサイル発射装置は、合わせて二五両。同数の予備車両も、第一波攻撃から一〇分以内に発射可能になっている。この他にも同数の地対艦ミサイルが、三〇分以内には発射可能な状態で格納されている。

これら四五〇発もの地対艦ミサイルに加え、万が一にも敵のミサイルや航空機が宮古島上空に接近してきた場合に備え、島民や地対艦ミサイルなどを防御するため、地対空ミサイルも一二〇発、連射可能な状態になっており、臨戦態勢は万全だ。

ミサイル攻撃で最も大切な発射管制誘導システムは、中国艦隊を追尾監視中の航空自衛隊早期警戒管制機や海上自衛隊哨戒機、それに偵察衛星などとのデータリンクによって、すでに中国艦隊を正確に捕捉し始めた。

地対艦ミサイルの連射で中国艦隊を出迎えるのは、宮古島だけではない。「宮古島グレートバリア戦闘団」の攻撃を皮切りに、石垣島と久米島の「グレートバリア戦闘団」からも地対艦ミサイルが連射される手筈《てはず》になっていた。三つの島で、合わせて一〇〇〇発近い地対艦ミサイルが、手薬煉《てぐすね》を引いて宮古島侵攻艦隊の接近を待ち構えているのだ。

「多数の飛翔体が接近中！」

〈一月一〇日午前八時三〇分：宮古島北北西沖一〇五海里（約一九〇キロ）〉

宮古島北端から北北西へ一〇五海里の海上を三〇ノット（時速約六〇キロ）で突き進む中国軍の侵攻艦隊指揮官たちは、自衛隊のＦ15戦闘機やＦ２戦闘攻撃機が接近してこないことを知り、拍子《ひょうし》抜けしていた。

各艦の警戒用レーダーでは、二機の自衛隊哨戒機と一機の自衛隊早期警戒機を、二時間以上にわたって捕捉し続けている。しかし、下地島航空基地や嘉手納航空基地の動向を完璧に監視している空軍の早期警戒機は、航空自衛隊戦闘機の発進を、まったく捕捉していない。早期警戒レーダーの不具合かもしれないので、急遽《きゅうきょ》、予備機を展開させた。

……それでもやはり、自衛隊戦闘機は一機も上空に舞い上がってこない。監視衛星からのデータでも、沖縄から石垣島にかけての東シナ海上空で捕捉しているのは、自衛隊哨戒機と早期警戒機、それに那覇空港から宮古空港へ向かう輸送機と思《おぼ》しき機影だけだ。

そのため北京の中国人民解放軍総参謀部でも、寧波の侵攻作戦司令部でも、そして東シナ海上を南下する侵攻艦隊のそれぞれの艦上でも、以下のように楽勝ムードが漂っていた。

「日本人は、ここまで腰抜けになったのか？」

「ひょっとすると日本政府は、平和ボケとやらで、戦争に突入していることすら認識していないのではないのか？」

「沖縄から軍艦が宮古島に向かっているようだが、大型艦はわずか三隻のようだ。まったく恐れるに足りない。これほど日本にやる気がないとは、まったくもって想像もしていなかった」

間もなく宮古島まで一〇〇海里（約一九〇キロ）を切る海域であり、いよいよあと二時間で、陸戦隊やヘリコプター部隊は宮古島へ侵攻するのだ。上陸に備えての最終点検が開始された。

そのとき、侵攻艦隊の後方上空で自衛隊戦闘機の接近を警戒していた中国人民解放軍空軍早期警戒機から、緊急警報が各艦に飛び込んできた。

「多数の飛翔体が、海面すれすれの超低高度で、宮古島方面から艦隊に接近中！」

〈一月一〇日午前八時四〇分：宮古島北北西沖一〇〇海里〉

中国軍の早期警戒機が捕捉した多数の飛翔体こそ、「宮古島グレートバリア戦闘団」の地対艦ミサイル部隊が発射した一五〇発の地対艦ミサイル「改良型12式地対艦ミサイル」であった。

中国空軍早期警戒機による緊急通報から遡《さかのぼ》ること七分、石垣島、宮古島、久米島それぞれの「グレートバリア戦闘団」司令部は、第一波地対艦ミサイル攻撃を発令した。

図表6　中国海軍宮古島侵攻艦隊 vs. グレートバリア戦闘団

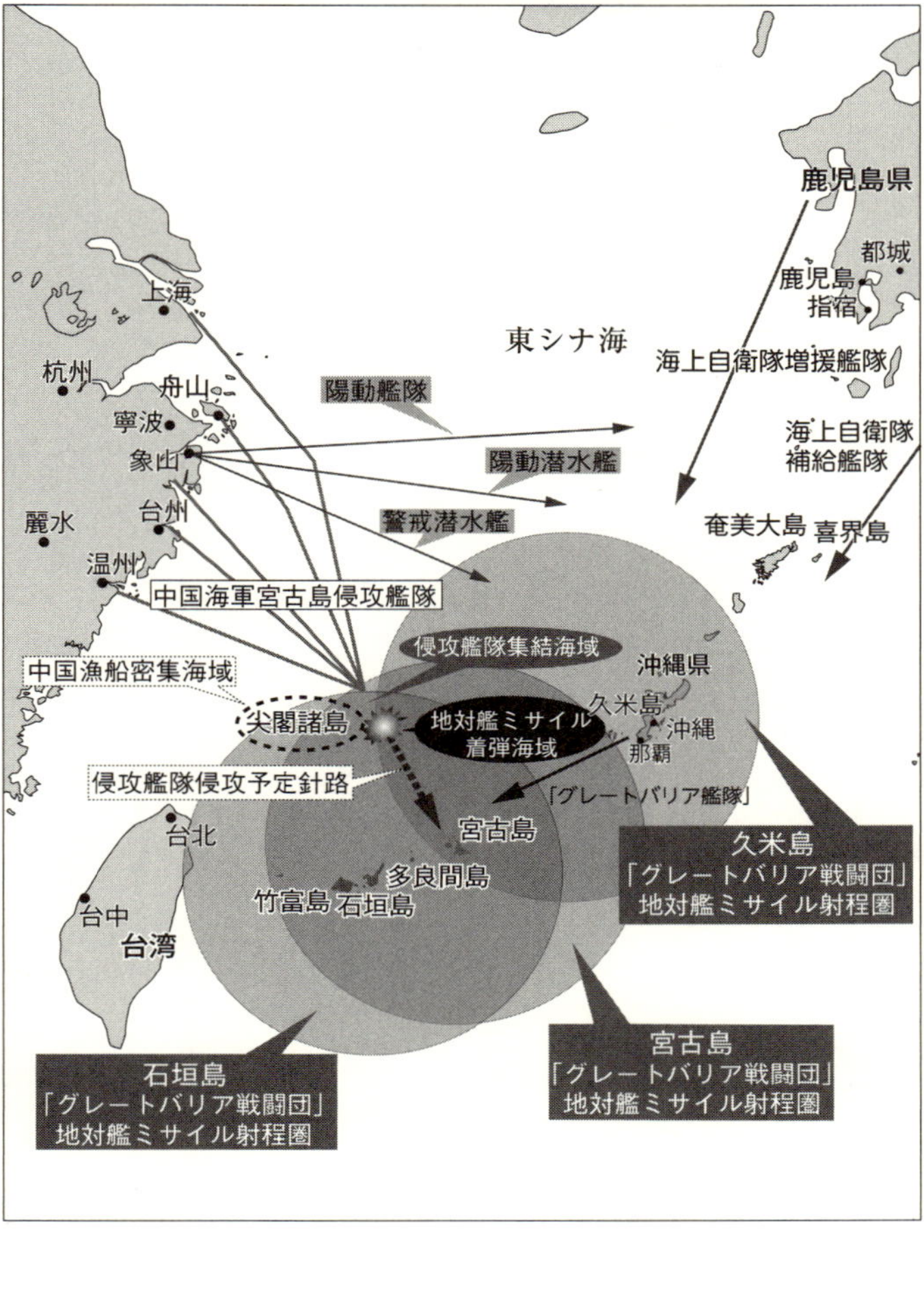

直ちに島内各所の発射地点に分散展開していた地対艦ミサイル発射部隊は、宮古海峡上空の早期警戒管制機の誘導データに基づき、それぞれ六発の地対艦ミサイルを一五秒間隔で連射……宮古島からは一五〇発のミサイルが、石垣島からも同数のミサイルが、そして久米島からは一二〇発のミサイルが、中国艦隊を目指して飛翔を開始した。着弾予定時間は一四～一八分後だ。

中国人民解放軍総参謀部が心配していた通り、日本の技術力は、未だ衰えていなかった。四二〇発の地対艦ミサイルはすべて問題なく発射され、その後一発も脱落することなく、全弾が順調に、それぞれに割り当てられている攻撃目標艦を目指し、時速九〇〇キロで飛翔を続けている。

緊急通報により、中国海軍宮古島侵攻艦隊各艦のＣＩＣ（戦闘情報センター：軍艦の戦闘指揮に必要な各種情報が集中し、それらをもとに戦闘を指揮統制する軍艦内の司令所）では、対空戦闘態勢に突入した。

哨戒機のレーダーは日本のミサイルを捕捉していても、艦艇自身の対空レーダーが接近してくるミサイルを捕捉してからでないと、対艦ミサイルへの対空戦闘は開始できない。

超低空で接近を続ける自衛隊地対艦ミサイルを侵攻艦隊の艦艇自身が捕捉できるのは、ミサイルが着弾するまで三分程度の距離に肉薄してからだ。わずか三分で、対空ミサイルを可能な限り発射し、主機関砲と近接防御連装機関砲を駆使して迎撃しなければならない。これまで楽観的な軽口を叩いていた侵攻艦隊の艦長や乗組員は、たちまち極度の緊張と恐怖に包まれた。

そして午前八時四〇分、中国の技術陣が誇るイージスレーダーシステム「神盾《しんじゅん》」を搭載した旗艦「長沙」のＣＩＣレーダーの大画面が、数十の飛翔体を映し出した。瞬《また》く間に、その数は増えていく。宮古島からだけではなく、西南西方向の石垣島からも、北東方向の久米島からも、膨大な数の飛翔体が艦隊に向かってくる。

それと同時に、自動戦闘指揮火力統制システムが、人間の数百倍の速さで的確な判断を叩き出し、各種兵器システムを作動させた。侵攻艦隊の駆逐艦やフリゲート艦からは、次から次へと「紅旗9型対空ミサイル」が連射され、四二〇発の自衛隊地対艦ミサイルに向け、マッハ六で突入していく。

中国艦隊の被害の全貌

〈一月一〇日午前八時四四分：宮古島北北西沖九八海里（約一八〇キロ）〉

それぞれの中国艦艇の自動戦闘指揮火力統制システムは、「紅旗9型対空ミサイル」に引き続いて、より短距離に迫った敵ミサイルを撃破するため、「紅旗10型対空ミサイル」も連射し始めた。艦隊に向けて接近してくる対艦ミサイルそれぞれに対し、コンピュータ制御システムは、二〜三発ずつの対空ミサイルを自動的に割り当て、発射し続けている。

しかし四二〇発のミサイルに対し、合わせて六六〇発の対空ミサイルでは、（ほとんどあり得ないが）たとえ百発百中で自衛隊の地対艦ミサイルを撃墜していったとしても、単純計算でも一〇〇発近い地対艦ミサイルが無傷で艦隊に向かってくることになる（対空ミサイルは撃墜目標に対して最低二発以上発射するようプログラミングされているため、中国艦隊が保有している対空ミサイル六六〇発は、三三〇発の自衛隊地対艦ミサイルに対して発射されることになる）。

もちろん、攻撃側ミサイルにとっても防御側ミサイルにとっても、そのような予測はあくまで理論的な結果に過ぎない。実際に、およそ三〇〇発が発射された「紅旗9型対空ミサイル」に撃破された「改良型12式地対艦ミサイル」はおよそ一二〇発、引き続いて三六〇発以上連射された「紅旗10型対空ミサイル」には、一五〇発ほどの自衛隊ミサイルが撃破された。これは、中国の防空ミサイル技術が優秀であったことを物語っていた。

しかし皮肉なことに、「クオリティも大切だが、何といっても数が決め手になる」という中国人民解放軍の伝統的な鉄則通りの結果となった。自衛隊が発射した四二〇発もの地対艦ミサイルに対し、高性能対空ミサイルを六六〇発も発射しても、一五〇発近い「改良型12式地対艦ミサイル」を撃ちもらしたのだ。そうして対空ミサイル迎撃網を突破し、自衛隊の地対艦ミサイルが、猛然と侵攻艦隊に突入してくる結果となった。

対空ミサイル網を突破してきた自衛隊地対艦ミサイルに対し、中国艦隊の自動戦闘指揮火力統制システムは、瞬時に主機関砲と近接防御連装機関砲による最後の対空戦闘を実施した。二〇隻の軍艦すべてに二基以上搭載してあるのは、アメリカ海軍や海上自衛隊のCIWS《シーウス》（近接防御火器システム）よりも高性能な、毎分六〇〇〇発以上の速射能力を持っている「七管三〇ミリ口径ガトリング砲」。これらが、「改良型12式地対艦ミサイル」に対して最後の弾幕を張り巡らし、かなりの自衛隊ミサイルを撃墜した。

〈一月一〇日午前八時四六分：宮古島北北西沖九七海里（約一八〇キロ）〉

中国軍の艦艇に搭載してあった対空防御システムも完璧に作動し、カタログデータ通りの優秀なる戦果を上げた。対空ミサイルが二七四発、主機関砲が八発、そして近接防御連装機関砲が五一発の自衛隊地対艦ミサイルを撃墜した。

しかし、それを上回ったのが日本の地対艦ミサイルであった。第一波攻撃で発射された四二〇発全弾が、中国艦隊への最終突入段階まで故障することなく飛翔し、三三三発は撃墜されたものの、八七発が防空網を突破し、午前八時四六分から八時四八分にかけて、そのうちの九五パーセントほどの八二発が、二〇隻の艦艇すべてに、それぞれ一〜五発ずつ命中した。

複数の自衛隊ミサイルが命中したフリゲート艦や駆逐艦のなかには、早くも沈没を始めるものもあり、大多数の艦が航行不能に陥った。かろうじて航行可能な状態なのは、もっとも大型の駆逐艦である旗艦「長沙」、艦隊最大の強襲揚陸艦「会稽山《かいけいざん》」、それに輸送揚陸艦「井《せい》崗山《こうざん》」の三隻だけであった。沈没を免れたものの自力で航行することはできず、ただ波間に浮かんでいるのは、輸送揚陸艦「長白山」をはじめ駆逐艦四隻とフリゲート艦二隻だ。

それら沈没を免れた中国の軍艦のうち、戦闘能力をかろうじて残していたのは、ミサイル駆逐艦「長沙」だけであった。とはいうものの、すべての対空ミサイルを撃ち尽くしてしまったうえ、レーダー装置もミサイルで吹き飛ばされているため、航空機からの攻撃を受けたらひとたまりもない。魚雷と対艦ミサイルだけは残されているものの、射撃管制システムが正常に作動するかは疑問である。

〈一月一〇日午前九時五分：宮古島北北西沖九七海里周辺海域〉

中国空軍の早期警戒機は、下地島航空基地と那覇航空基地から戦闘機らしき機体が連続的に発進する状況を捕捉した。すでに侵攻艦隊の大半を撃破された以上、日本の航空自衛隊と戦闘してまで残存艦隊を防御する必要性はない、そう判断した侵攻部隊の司令官は、航空戦力の引き揚げを決定した。

もっとも、海面を埋め尽くすほどの対艦ミサイルが三方から突入する状況を目《ま》の当たりにした、侵攻艦隊を自衛隊戦闘攻撃機から防御するはずの戦闘機先鋒《せんぽう》護衛部隊は、肝心《かんじん》の宮古島侵攻艦隊そのものが壊滅してしまったため、帰投する以外の選択肢はなくなった。

下地島航空基地から飛来してきた航空自衛隊F15戦闘機八機と、F2戦闘攻撃機一二機は中国軍機の妨害を受けなかったため、中国艦隊の残存艦の直近まで接近することができた。ところが中国艦からは、一発のミサイルも、一発の対空機関砲も、発射してこなかった。

が、駆逐艦一隻と揚陸艦二隻がノロノロと航行を続けていたため、F2戦闘攻撃機は攻撃態勢に入った。日本が誇るASM3空対艦ミサイルを食らわせれば、三艦とも九分九厘《くぶくりん》、撃沈は免れない。

そこに中国駆逐艦「長沙」から、国際周波数を使って、日本語による降伏メッセージが航空自衛隊機に飛び込んできた。そのため、航空自衛隊攻撃戦隊指揮官は武士の情けを示し、直ちに攻撃停止命令を発した。こうしてF2飛行隊は、攻撃態勢をとったまま、警戒飛行に転じたのだ。

やがて、機関を停止して波間に浮かんでいる中国艦すべての艦橋に、白旗と日章旗が掲げられるという、二一世紀とは思えない大時代的な光景が出現した。中国艦は周辺海域での生存者救助活動を開始した。

それから三〇分後、尖閣諸島周辺海域から離脱して石垣島に急行していた海自駆逐艦「はるさめ」と海保巡視船「やしま」は、中国艦隊が撃滅させられた海域に到着し、中国人民解放軍生存者の捜索救援活動を開始した。「はるさめ」には侵攻艦隊旗艦「長沙」からの降伏使が送り込まれ、中国艦隊の降伏は、公式に日本側によって確認された。

このように、宮古島上陸占領のために二〇隻の強力な新鋭軍艦で編成された中国の大艦隊は、わずか数分間のうちに、ほぼ完全に壊滅してしまった。自衛隊は、航空機や軍艦が交戦する以前に、地対艦ミサイルだけで中国艦隊を壊滅させたのだ。日本側の損害は地対艦ミサイル三三三発……もちろん人的損害は皆無だ。

もっとも、三三三発の地対艦ミサイルが撃墜されたとはいっても、中国側の防空ミサイルを消費させるという役割を見事に果たしての撃墜である。そもそも地対艦ミサイルは、いったん発射されたならば、敵艦に命中しようが撃墜されようが故障して墜落しようが、いずれにせよ一発当たり五〇〇〇万円は「消費」されてしまうことに変わりない。しかし、たとえ一発五〇〇〇万円する高価な兵器が瞬時に消え去ってしまうとはいっても、居眠りをしている国会議員に税金を投入することよりは、数万倍も有効ではないか。

一方の中国艦隊は、駆逐艦の沈没三隻、フリゲート艦の沈没六隻、輸送揚陸艦の大破一隻、駆逐艦の大破四隻、フリゲート艦の大破二隻、駆逐艦の中破一隻、輸送揚陸艦の中破一隻、強襲揚陸艦の小破一隻……そして消費した対空ミサイルが六六〇発、人的損害は不詳。航空機に対する日本側の攻撃が行われなかったことと、奄美大島沖で行動を捕捉されていた潜水艦も攻撃されなかったということは、侵攻艦隊をほぼ全滅させられた中国人民解放軍にとって、不幸中の幸いだった。

この「宮古島沖海戦」は、海軍史に名を残すことになった。「地対艦ミサイル」対「水上戦闘艦隊」の衝突という新スタイルの海戦としてだけではなく、日露戦争における日本海海戦や第二次世界大戦におけるマリアナ沖海戦をもはるかに上回る「一方的かつ完全なるワンサイドゲーム」だった。栄光ある日本自衛隊と恥辱《ちじょく》にまみれた中国人民解放軍の名を、歴史に深く刻みつけることになったのだ。

宮古島侵攻を諦める国家主席

〈一月二〇日：北京・中南海〉

「『宮古島侵攻作戦』失敗を総括したいと思います……」

総参謀部第一部主任が口を開いた。

「南西諸島に自衛隊の強力な地対艦ミサイルバリアが存在する限り、我が艦隊が再度、侵攻することは、極めて困難と判断せざるを得ません」

総参謀長（上将）が、重い口調《くちょう》で補足する。

「もっとも、長射程ミサイルを大量配備して敵の艦隊や航空部隊の接近を阻止する戦略は、我が人民解放軍が米軍の侵略に備えて生み出した接近阻止戦略そのものです。それを日本が東シナ海沿岸防衛に応用したわけです。したがって、日本の地対艦ミサイルバリアを我が艦隊が打ち破るということは、我がミサイルバリアをアメリカ侵攻軍が打ち破ってしまうことを意味するのです。

極めて皮肉な結果となっておりますが、我々が自衛隊によって南西諸島に築かれてしまったミサイルバリアを突破できないのは、何ら不思議ではないのです……」

不機嫌な表情で国家主席が口を開く。

「日本の地対艦ミサイルを沈黙させなければ、南西諸島への侵攻は無理ということになるではないか。なんとかして、南西諸島の地対艦ミサイルを破壊してしまうことはできないのか？」

総参謀長は逡巡《しゅんじゅん》しながら答える。

「……それは、技術的には可能です。侵攻作戦発動前に、弾道ミサイルや長距離巡航ミサイルを大量に撃ち込んで、地対艦ミサイル部隊を壊滅してしまえばいいのですから。しかし、理論上はそうであっても、現実にはほとんど不可能と考えざるを得ません」

国家主席が激昂《げっこう》する。

「なぜだ！」

すると総参謀部第一部主任が、こう続けた。

「自衛隊の地対艦ミサイルは、発射装置や制御装置や電源装置などが数台あるいは数十台の車両に分散して装備されており、それら車両は島の各地に散り散りになって展開されています。よって弾道ミサイルや巡航ミサイルで破壊するため、移動可能なそれら車両の配置場所を捕捉しておくことは、まったくもって至難の業《わざ》なのです。

したがって、それらミサイルシステムを壊滅させるには、宮古島や石垣島といった島の全域を破壊するようなミサイル攻撃が必要となります。ただ、もちろん先制核攻撃はできません……非核弾頭装着ミサイルを大量に撃ち込めば理論的には不可能ではありませんが、そもそも占領を目的とする宮古島なり石垣島を徹底破壊しては、戦略目的すら消失してしまいます」

総参謀部第二部主任も補足する。

「それに、ミサイルバリアを潰すため、かつてアメリカがやった絨毯《じゅうたん》爆撃のようなミサイル攻撃を実施すると、島民の大半を殺戮《さつりく》することになってしまいます。それでは、南西諸島を国土回復するという大義名分が消え去ってしまいますし、米軍による代理報復攻撃に格好の口実を与えるのも確実です」

総参謀長が結論を述べた。

「島そのものを大規模に破壊することなく、自衛隊のミサイルバリアを無力化してしまう方法を手にするまでは、南西諸島に対する侵攻作戦は差し控えるべきであると考えます。人民解放軍の艦隊が、再度、自衛隊によって完膚《かんぷ》なきまでに壊滅させられるような事態が出来《しゅったい》すれば、人民解放軍と中国共産党の名声が地に墜《お》ちるだけでなく、国内の不満分子の不穏な動きを誘発しかねません」

国家主席は鬼のごとき表情で言葉を吐き出した。

「……やむを得ない。我が党の名誉が失墜することだけは絶対に避けねばならない。総参謀長のいうように、日本のミサイルバリアを効率的に破壊してしまう能力を手にするまで、再び宮古島に侵攻することは止める。

そして人民解放軍は、総力を挙げて、日本の地対艦ミサイルバリアをピンポイントで攻撃するシステムの構築を完成させなければならない。これは国家主席としての命令だ！」

――このように、中国は宮古島侵攻作戦に失敗するのだが、次章では、そのあと南シナ海で展開するであろう戦略を、ここまで同様、「レッドセル分析」に基づいて書く。

第四章　南シナ海で中国が直面する悪夢

〈二〇二X年一月：南シナ海〉

南シナ海の海軍艦艇の総本山

中国による南シナ海での軍事作戦の総指揮を執《と》る中国人民解放軍海軍南海艦隊司令部が位置する広東省《カントン》湛江《たんこう》市。そこから南シナ海に向かって三五〇キロほど突き出した海南島《かいなんとう》南端の三亜《さんあ》市周辺は、米軍が最も警戒している原子力潜水艦の拠点となっているだけでなく、南シナ海へ出動する各種艦艇の総本山となっている。

ところが、それら軍事拠点に隣接して大規模なリゾート施設群が誕生したため、ピンポイント攻撃能力を誇る米軍といえども、そうたやすく攻撃することはできない。

三亜市周辺の軍事施設からおよそ三五〇キロ東南の南シナ海上に位置する西沙諸島の永興《えいこう》島《とう》（ウッディー島）には、南シナ海の中国海洋国土の行政を司る三沙《さんさ》市政庁が設置されている。そして軍民共用の永興島飛行場には、戦闘機や哨戒機が常駐している。また海軍艦艇や海警局巡視船などの補給整備施設も整っており、中国の海軍や海警局が前進基地として利用している。航空施設や港湾施設周辺には、地対艦ミサイル部隊や地対空ミサイル部隊が配備され、西沙諸島周辺海域に睨みを利かせている。

それら軍事施設や三沙市政府機関と隣接して商業施設や漁業施設などが混在しているだけ

でなく、南シナ海クルーズを楽しむ観光客のためのホテルやレストラン、それにカジノなどの娯楽施設も充実している。このように多数の民間人居住者が滞在している狭小な島に設置された軍事施設を攻撃することは、ハイテク兵器を取りそろえている米軍にとっても至難の業なのだ。

人工島のリゾート施設の目的

永興島からさらに七〇〇キロ以上離れた南沙諸島に中国が建設した七つの人工島には、軍事施設と混在して灯台や海洋気象観測所、それに海洋生物研究所などが林立している。それら人工島のうち、ファイアリークロス礁、スービ礁、ミスチーフ礁には、それぞれ三〇〇〇メートル級滑走路を有する軍民共用の飛行場が稼働している。戦闘機や哨戒機それにミサイル爆撃機が配備されているのだ。加えて海南島や広東省から、民間ジェット定期便も就航している。

七つの人工島すべてに、規模の大小があるものの、漁船から軍艦まで様々な船が接岸できる港湾施設が設置されており、なかには大型クルーズ船が利用できるものまである。それら港湾施設には、中国の海警局巡視船や海軍フリゲート艦、そして快速ミサイル艇が常駐している。また、ミスチーフ礁には潜水艦基地も完成し、南シナ海での通常動力潜水艦の作戦行動が飛躍的に強化された。

南沙人工島のいくつかには、大型旅客機やクルーズ船で「南沙海遊」を楽しむ観光客のためのホテルやダイビング施設が開業しており、ヨーロッパ資本の高級リゾートホテルまでオープンしたため、ヨーロッパや日本それにアメリカからも、南沙リゾートを訪れる観光客が後を絶たなくなっている。

観光施設だけでなく、「南シナ海の航海安全のための」灯台をはじめとする各種ナビゲーション施設、海洋気象観測所、海洋生物研究所などの非軍事施設も稼働しており、多くの外国人研究者を含む民間人が居住している。

南沙人工島に配備されている中国人民解放軍のレーダー部隊、地対艦ミサイル部隊、地対空ミサイル部隊、そして弾道ミサイル部隊などをピンポイント攻撃すれば、多数の非戦闘員や外国人を巻き添えにする可能性が極めて高い。そのため、高性能精密攻撃兵器を擁する米軍といえども攻撃を差し控えざるを得ない状況だ。

南沙諸島北部より北北西に約五〇〇キロほど離れた中沙諸島の東端にスカボロー礁がある。香港や海南島からは約九〇〇キロほど離れているが、フィリピンの首都マニラからは三五〇キロほど、ルソン島沿岸からは二二〇キロほどしか離れていない。フィリピンと中国それに台湾が領有権を主張しているが、二〇一二年以降、中国が軍事力を背景に実効支配している。

そして二〇二X年には、中国海軍艦艇が前進基地として利用しているだけでなく、各種レーダー施設や地対艦ミサイル、それに地対空ミサイルで、スカボロー礁周辺の防備は固められている。

軍事施設に交じり、やはりヨットハーバー、ダイビングやフィッシングリゾートも営業しており、定期観光船が香港や海南島から就航している。スカボロー礁にも、多数の観光客が目につくようになっている。南沙諸島の人工島同様、民間人を巻き添えにしないで軍事攻撃を加えることは不可能だ。

このように二〇二X年には、数多くの軍事施設ならびに非軍事的民間施設、それにリゾート施設までをも南シナ海に散在させることにより、中国は、いかなる国に対しても軍事的に優勢な立場を手にしている。

もちろん、いくら軍事拠点が南沙諸島、中沙諸島、西沙諸島に点在しているからといっても、平時においては、中国が主権を主張する島嶼環礁の一二海里以遠の海域を通航する各国のタンカーや貨物船などはもちろんのこと、アメリカ海軍や海上自衛隊の軍艦を脅かすような無謀な行為は差し控えている。

しかし、日本やアメリカが中国と軍事的緊張状態に陥った場合には、南シナ海での「中国の島嶼」周辺海域を中心として、九段線内部の「中国の海洋国土」は、日本やアメリカの軍艦や民間船にとっては危険な海と化してしまう。

中国が嫌う「FONOP」とは

中国が南シナ海の数ヵ所に軍事基地や七つの人工島まで完成させてしまった以上、いかなる国といえども、外交的手段によってそれらの施設を閉鎖させることは不可能となってしまった。

莫大な資金を投入して人工島を生み出したうえに、さらなる資金を注ぎ込んで、本格的な航空施設や大規模港湾施設、多種多様のレーダー施設や巨大灯台、それに数々のリゾート施設まで誕生させた中国に「それらの軍事基地や民間施設を撤去せよ」と迫っても、まったく耳を貸さないのは当たり前である。

当然のことながら、アメリカ政府といえども、南沙諸島の人工島基地群から中国人民解放軍を撤収させる唯一の手段が米中戦争に勝利するしかないことは、百も承知だ。

東アジアの同盟国や友好国への手前、アメリカとしては、中国に対して何らかの軍事的圧力をかけているポーズをとる必要もある。しかしながら、アメリカが動いて中国海軍との軍事衝突でも引き起こしてしまっては、アメリカ自身の国益を損なうかもしれない。

そこで、中国に対して軍事的圧力をかけているポーズとして実施しているのが、南シナ海での「公海航行自由原則維持のための作戦」すなわち「FONOP」である。

世界中の海洋で自由な通商を確保することを国是《こくぜ》とするアメリカは、国際海洋法を脅かす行為をなしている国があると判断した場合、その海域に軍艦を派遣して「国際法に従うように」との警告を発している。このような軍事的威嚇が「公海航行自由原則維持のための作戦」と呼ばれているのだ。

とはいうものの、FONOPの中国に対する抑止効果がゼロに近いことは、アメリカ政府は十二分に承知している。

それでもFONOPを続けているのは、中国に対し外交的・軍事的な圧力をかけている姿勢を内外に示す手段が他にはないからである。

中国人民解放軍や中国共産党の指導層にとっては、FONOPから軍事的に深刻な脅威を受けているわけではないものの、アメリカの軍艦や哨戒機に南沙諸島や西沙諸島周辺をうろつかれることは、目障《めざわ》りこの上ない。

もちろん中国共産党は、政府系メディアによって、執拗《しつよう》にFONOPを非難するキャンペーンを展開している。それゆえ、これ以上FONOPが継続されるならば、国内の対米強硬派から「共産党指導部は弱腰に過ぎる」との誹《そし》りを受けかねない。

——そのため以下に続くような策動を巡らし始めたのだ。

日米同盟は幻想か

〈二〇二X年一月二四日夕刻：北京・中南海〉

北京・中南海で開催された中国共産党と中国人民解放軍の首脳たちの春節午餐会《ごさんかい》で話題の中心となったのは、「目障りなFONOPをいかにして止めさせるか」であった。

午餐会に参加した中国共産党首脳陣の多くが、以下のような対米強硬論を主張した。

「南シナ海での我が人民解放軍による対米接近阻止態勢は、極めて強固になりつつある。日本やグアムあるいはハワイから南シナ海に進出してこなければならない米軍に対し、少なくとも南シナ海では、我々は確実に優位に立っている」

「FONOPなどと称し、他国の領海や領空にズカズカ入ってくるアメリカの軍艦や軍用機に対しては警告射撃を食らわせ、人民解放軍の決意を示す時期が来ている」

「もっとも、ミサイルを命中させて死傷者でも出た場合には、アメリカは怒り狂って何をしでかすか分からない。あくまで現段階では、威嚇にとどめるべきなのだが……」

しかし、中国人民解放軍総参謀部第一部の戦略家は、威勢の良い強硬論者たちに対し自制を求めた。

「威嚇とはいえ、米軍を直接ターゲットにするのは危険です。アメリカ海軍のＲＯＥ（交戦規定）からすれば、我がほうの警告射撃や威嚇に対して直ちに反撃する可能性は低いと考えられます。しかし、ミサイルによる威嚇を実施した場合、アメリカ海軍のコンピュータ制御戦闘指揮管制システムが自動的に迎撃ミサイルを発射するかもしれない。当然ながら、アメリカ側が我がほうへの反撃を開始したならば、我々も反撃を実施してアメリカの軍艦を撃沈し、軍用機を撃墜することになる。つまり、開戦となります」

「我が国にとっては当然の自衛措置だ」と口をそろえる強硬論者たちに対し、総参謀部第一部主任（作戦担当）が注意を喚起する。

「このような場合といえども、アメリカが中国との全面戦争に突入する可能性は低いものと考えています。しかしながら、いかなる経緯であれアメリカと直接軍事衝突してしまうと、アメリカの連中は自己の正当性を国際社会に向かって騒ぎ立て、日本やオーストラリア、それにＮＡＴＯ諸国などをけしかけて、中国に対する外交的・経済的な制裁を実施、自らの面目を保とうとするに違いありません。

我々の軍事的目的はアメリカを痛めつけることではなく、米軍が南シナ海や東シナ海で大手《おおで》を振って作戦行動をとったり、ＦＯＮＯＰなどと称して中国の領域に近づいたりしないようにさせること……米軍との直接的な軍事衝突は、面倒を持ち込むだけです」

「それではアメリカの口出しを容認するのか？」と強硬論者がわめくと、総参謀部第一部主任が言下に否定する。

「米軍との直接的な対決を避けて目障《めざわ》りなＦＯＮＯＰを諦《あきら》めさせるには、アメリカに付き従ってＦＯＮＯＰを支持している従属国を締め上げればいい。最も効果が期待できるのは、軍事的反撃の恐れがない日本を締め上げることです。そうして圧迫された日本を軍事的に支援しようとするアメリカも道連れにし、窮地に陥れるのです」

総参謀部第一部主任は周囲を見渡し、続ける。

「この戦略は、いたってシンプル。すなわち、南シナ海に横たわっている日本のシーレーンを妨害する態勢を見せつけ、日本に経済的圧力をかけるのです。そのうえで、アメリカがＦＯＮＯＰをはじめとする軍事的圧力を中国に対して続けている間は、米軍施設の使用など、アメリカへの支援を中止することを日本政府に要求するのです」

総参謀部第二部主任（諜報担当）も立ち上がった。

「もちろん日本がこのように脅《おど》されれば、アメリカでは何らかの軍事的反撃を実施しようと言いだす輩《やから》もいるだろう。しかし結局のところ、ホワイトハウスは巨大ビジネスがコントロールしているようなものです。米中戦争などという危険を冒してまで日本を救援しようとするほど、アメリカの資本家たちは間抜けではないだろう。

アメリカに頼り切る姿勢が骨の髄《ずい》まで沁み込んでいる日本の連中は、日米安全保障条約が機能して、アメリカから日本支援軍が送り込まれると考えるだろうが、日米同盟などは幻想であったことに、ようやく気づくことになるはずです」

〈三月一〇日（北京時間一〇日正午）：北京・外交部〉

突如として中国共産党政府が、アメリカ、日本、ベトナム、マレーシア、フィリピン、ブルネイ、インドネシアの政府当局ならびに主要メディアに対し、南シナ海における中国の主権的海域（九段線内の海域）でのあらゆる軍事的な行動を直ちに中止し、中国の主権的海域に隣接する水域においても軍事演習などを行わないよう、強く要求した。同時に、この要求を無視して中国の主権を侵害し続けた場合には、強力な対抗措置《そち》を講ずる旨も通告した。

このような通告に加え、日本政府に対しては、次のようなより強い警告も発した。

①南シナ海における中国の主権的海域で、アメリカが実施しているＦＯＮＯＰと称する領海領空侵害軍事行動をはじめとする中国の主権を踏みにじる行動を支持することは、即刻、中止すること。

②南シナ海でアメリカが中国に対する敵対的軍事行動を継続しているあいだ、日本は軍事基地の提供や補給活動などによって米軍の便宜《べんぎ》を図ることを停止すること。

③日本が中国の要求に応じるまでは、軍艦と公船はもちろんのこと、日本船籍のすべての船舶、それに日本との交易に従事するあらゆる船舶は、南シナ海における中国の主権的海域を航行することは許されない。

④第三項は、その海域の上空にも適用される。ただし、日本の軍用機が南シナ海の中国の主権的海域上空へ侵入した場合、中国人民解放軍は改めて警告することなく、直ちに自衛のための反撃を実施する。

⑤南シナ海の中国の主権的海域で、日本関係の船舶や航空機に対する通航制限は、北京時間の三月一二日正午から実施する。

日本の船会社に迫られる決断

〈三月一〇日午後一時：南シナ海〉

中国政府が、日本関係の船舶や航空機の自由な通航を阻止する可能性を示唆《しさ》した南シナ海には、中東諸国や東南アジア諸国から日本に向け、原油や天然ガスをもたらす多数の大型タンカーが途切れることなく航行している。

もちろんその逆、つまり日本から産油国へと向かう空のタンカーもひっきりなしに航行している。まさに南シナ海は、日本がエネルギーを確保するために必要な生命線なのだ。

中国政府が突如として「対日航路妨害」の通告を発した三月一〇日午後一時現在も、ペルシア湾から原油を満載してシンガポール沖を回り込み北上する超大型石油タンカー（ＶＬＣＣ）「ＴＯＷＡＤＡ」（パナマ船籍、出光タンカー、載貨重量三〇万五八〇一トン）や、その反対に日本を出航しペルシア湾に向かうため、シンガポール沖を目指して南下するＶＬＣＣ「ＹＵＧＡＷＡＳＡＮ」（パナマ船籍、出光タンカー、載貨重量三〇万二四八一トン）をはじめとして、一八隻ものＶＬＣＣが、南シナ海を北上あるいは南下していた。

先述の通り、一隻のＶＬＣＣには約二〇〇万バレル（約三億リットル）の原油を積載することができる。この量は、日本で一日に消費される原油総量のおよそ半分だ。すなわち、一年三六五日を通して毎日、最低でも二隻以上のＶＬＣＣが、日本のいずれかの原油受け入れ港に入港し続けなければ、日本国民の文化的生活は破綻《はたん》してしまう。もちろん、予備用そして備蓄用の原油の輸入も欠かせないので、年間のべ八〇〇隻近くのＶＬＣＣが、産油国から日本に原油を運んでいるのだ。

そうしたＶＬＣＣの大半は、南シナ海の「中国の主権的海域」を縦貫する航路およそ一二〇〇海里（約二二〇〇キロ）を、三日半から四日ほどかけて通航している。単純に計算しても、一年を通して毎日一六隻以上の日本関係のＶＬＣＣが、九段線内部の南シナ海を航海し続けていることになる。

日本の国民生活を支えているのはＶＬＣＣだけではない。日本は国内で消費する天然ガスのおよそ九八パーセントを輸入に頼っている。三月一〇日午後一時現在、マレーシアから天然ガスを日本に運搬中の巨大ＬＮＧタンカー三隻が南シナ海を北上し、バシー海峡（台湾とフィリピン・ルソン島のあいだのルソン海峡のうち台湾寄りの海峡部）を目指していた。

エネルギー源である原油や天然ガスのみならず、やはり日本の国民経済にとって欠かせない各種天然資源を日本に運搬するための様々な貨物船や、メイドインジャパンの工業製品をアジア諸国やアフリカ諸国そしてヨーロッパ諸国へ輸出するための貨物船も、合わせて二一隻が南シナ海を北上あるいは南下していた。

中国政府の通告によると、南シナ海日本航路の封鎖が開始されるのは、四八時間後の三月一二日午後一時である。したがって、その四八時間以内に九段線内海域を抜け出ることができないタンカーや貨物船は、南シナ海上で極めて危険な目に遭遇するかもしれない。

そこで、それらの商船の船長や船会社は、北上（あるいは南下）を続けるのか、あるいはシンガポール沖やバシー海峡に引き返してフィリピン東部の西太平洋（フィリピン海）を通過する迂回航路へと向かうのか、重大な決断を迫られることになってしまった。

中国に拿捕される巨大タンカー

〈三月一〇日午後五時：東京・国家安全保障会議緊急事態大臣会合〉

中国による突然のとんでもない通告に接し、直ちに招集された国家安全保障会議の緊急事態大臣会合は、すでに三時間以上も議論を続けていた。先ほどからは、統合幕僚長に加えて海上幕僚長をはじめとする自衛隊幹部も招集され、日本政府の最終意思の決定を急いでいた。

「中国政府は、南シナ海で日本の航路を妨害するといっているが、狭い海峡ならばともかく、あのように広大な海域に機雷をばらまくのは大変な作業だし、そもそも日本に関係する船だけをターゲットにすることなど、果たして可能なのか？　中国の警告はただの虚仮威《こけおど》しで、我々を威嚇しているだけとは考えられないだろうか？」

首相が自衛隊幹部たちに尋ねた。

「そう考えるのは危険です。たしかに、広大な水域を機雷によって封鎖してしまうことは現実的ではないし、機雷によって日本関係の艦船だけを妨害することは至難の業です。いくら中国といえども、国際社会すべてを敵に回してしまうような無謀な機雷戦を実施することはあり得ません。しかしながら、広大な南シナ海においても、別の方法で日本関係艦船だけの航行を妨害することは、十二分に可能なのです」

そう答える統合幕僚長に続き、海上幕僚長が、補足をするために立ち上がった。

「第一次世界大戦や第二次世界大戦で、ドイツ海軍が、アメリカからイギリスへ補給物資を運搬する貨物船などを標的にして海上通商破壊戦を行った際には、大西洋の大海原で貨物船を発見することが大仕事でした。しかし現在は、あらゆる大型商船がＡＩＳと呼ばれる航行追跡システムによって、世界中どの海域を航行していても、その位置を把握することができるようになっております。そのため、南シナ海を日本に向かっているタンカーや貨物船の位置とその船舶の情報は、中国海軍や海警局が完全に把握しているのです」

「……それでは大海原のどこにいても、中国軍が攻撃できるというわけか」

呆然《ぼうぜん》とする首相を慰撫《いぶ》するように、統合幕僚長が説明する。

「いくら日本関係船舶の航行を妨害するといっても、いきなり人民解放軍が民間船を攻撃することは考えられません。万が一、日本に向かうタンカーを沈めでもした場合、国際社会を敵に回すことになることは確実であり、中国側が主張しているアメリカによる軍事的干渉を取り下げさせることなど、不可能になってしまいますから」

それを受けて海上幕僚長も説明する。

「南シナ海を北上あるいは南下している日本関係船舶を特定した中国人民解放軍と中国海警局は、艦艇や航空機を接近させて警告を発したり、威嚇したりするでしょう。そして、おそらくは巨大タンカーに武装巡視船や駆逐艦などを急行させて、拿捕《だほ》するのです。

中国側がこのような行動に出れば、すべての日本関係船舶は、南シナ海を迂回《うかい》しなければならなくなります。中国側の目的は、もちろん日本のタンカーを撃沈することでもなければ、日本関係船舶を拿捕することでもありません。日本関係船舶に南シナ海を迂回させることが目的なのです」

「迂回しなければならなくても、タンカーの行き来が途絶しなければ、我が国が破滅するような事態には、立ち至らないわけだ」——そう、防衛大臣が安堵《あんど》の声を上げると、すかさず統合幕僚長が遮《さえぎ》った。

「迂回航路を通航すると最低でも三日は余計な時間がかかるため、船舶が消費する燃料費や高騰《こうとう》する海上保険料や人件費などの経費増大が、原油や天然ガスをはじめ日本に向かう船荷に上乗せされることになります。それとは逆に日本からの輸出品には、迂回航路に伴い上昇した経費を上乗せすることはできないため、輸出企業は大きな損失を甘受せざるを得なくなります。

現在も原油タンカーだけで、往復合わせると常に八〇〜一〇〇隻もの巨大タンカーが産油国と日本のあいだを航行しているわけですから、すべての日本関係船舶が迂回航路を経由しなければならなくなった場合の経済的損失は、莫大な額に上ります。

たしかに、短い期間に限って迂回航路を余儀《よぎ》なくされるのであれば、日本にとっての経済的損失は、国家存亡の機を招くほどにはならないでしょう。しかし、そのような状態が一ヵ月、あるいは二ヵ月と続いた場合、日本経済が被《こうむ》る打撃は計り知れなくなるでしょう」

続けて海上幕僚長が補足する。

「もう一つ気がかりなことは、南沙諸島の三つの人工島とスカボロー礁に、中国が航空基地を手にしていることです。それらの基地から戦闘攻撃機やミサイル爆撃機を飛ばすと、フィリピン海の迂回航路を航行する日本関係船舶を脅かすことが可能です。もちろん航空機からミサイルや爆弾で日本タンカーを攻撃することは差し控えるでしょうが、超低空に接近して威嚇したり、船舶周辺に銃撃や爆撃などを行うことは考えられます。

そのような剝《む》き出しの脅威に日本関係船舶がさらされた場合、保険料が高騰するといったレベルの話ではなくなり、船を運航するための船員を確保することすら不可能になる……その結果、オーストラリア南部を大きく迂回し、南太平洋から北上する大迂回航路を使わなければならなくなり、中東と日本の往復には倍以上の日数がかかってしまいます。これでは、細かく計算しなくとも、日本経済が危機的状況に陥ることは明白です」

アジア諸国のミサイルが中国船を

「それでは中国の要求を受け入れ、当面のあいだ、アメリカによる南シナ海での対中牽制《けんせい》は支持しないという立場を、アメリカ政府に納得してもらうしか方法はないのか？」

そう問いかける首相に対し、統合幕僚長は冷静に結論を述べた。

「そのようなことをすれば中国はますます力を得て、南シナ海からだけではなく、東シナ海をはじめ日本周辺海域からも、アメリカ海洋戦力の除去に動きだすでしょう。その先は、台湾の併合、尖閣諸島はもちろんのこと、先島諸島や沖縄の併合といった、そんな暴挙にまで突き進みかねません。したがって我が国は、断固として中国の要求を拒絶しなければなりません」

防衛大臣が不安を表明する。

「とはいっても、中国の要求を受け入れなければ、航路妨害だけでは済まないかもしれない」

首相も自信なげに呟《つぶや》く。

「……かといって中国の要求を拒んだ場合、アメリカが断固たる措置《そち》をとって我が国を支援してくれる保障はない。アメリカが中国に妥協してしまえば、日本は最悪の事態に直面してしまう」

しかし、あくまで統合幕僚長の顔は自信に満ちあふれている。次のような説明を始めた。

「もちろん我々は、中国と一戦を交えようなどとは思っておりません。アメリカも、今回のトラブルが日中開戦などという事態に発展してしまった場合、おそらく米中戦争を覚悟したうえでの大規模軍事介入は避けるでしょう。したがって、中国と大規模な戦闘を交えるような事態を招く対策は考えておりません。

そこで、日本とアメリカが中心となり、南シナ海で中国と領有権紛争を抱えている国々や、何らかの形で中国の軍事的脅威を感じている国々を巻き込んで、中国の海上航路帯を逆封鎖するのです。そうした態勢を固め、中国による航路帯妨害を中止に追い込むのです」

「そのようなことが、すぐさま実施できるのか？」――首相はまだ、半信半疑だ。が、統合幕僚長は何事もなかったかのように続ける。

「すでに二年前から、中国による南シナ海の海上航路帯封鎖といった脅迫を念頭に置き、莫大な予算を投入し、我々防衛当局のみならず外交通商当局、それに民間企業をも巻き込んで、着実に準備を進めてきた努力を思い起こしていただきたい」

さすがに防衛大臣は、すぐにピンときたらしい。

「東南アジア諸国に対する地対艦ミサイルの供与のことか？」

ここで、地対艦ミサイル運用を担当する陸上自衛隊のトップ、陸上幕僚長が口を開いた。

「その通りです。我が国が主導し、ベトナム、フィリピン、マレーシア、インドネシアに対し、日本製地対艦ミサイルを供与して訓練支援を実施。それとともに台湾とは、秘密裏に、地対艦ミサイル共同机上演習を繰り返してきました。これらの成果が実を結ぶことになるのです。

これらの国々には、我が国が地対艦ミサイルに付属して供与しているミサイル部隊防衛用の短距離地対空ミサイルに加え、アメリカも長射程地対空ミサイルを供与しております。日本の東シナ海沿岸域に設置した地対艦ミサイルバリアと類似したものが、南シナ海沿岸域にも、しっかりと築き上げられております」

海上幕僚長が言葉を継いで、詳細な説明を始める。

「中国のタンカーや貨物船の航路は、南シナ海からシンガポール沖を経て、マラッカ海峡を通り、インド洋に出て中東やアフリカ方面に向かう航路と、東シナ海から対馬海峡と日本海を通過して津軽海峡を抜け、太平洋に出てからアメリカ・カナダの西海岸に向かうルートがメインになっています。そのほか南シナ海からバシー海峡を抜けて太平洋に出て、日本沿岸の港に寄港してからアメリカ西海岸に向かう航路も主要ルートです。

したがって、中国とアメリカ大陸を結ぶ太平洋航路は、我が国独自の東シナ海ミサイルバリアと、海上自衛隊艦艇や航空機による対馬海峡や津軽海峡の海峡封鎖によって、容易に遮断することが可能なのです」

首相に決断を促す統合幕僚長

海上幕僚長は、首相の顔を直視している。

「次に、我が国やアメリカの軍艦や航空機と連動した台湾軍とフィリピン軍の地対艦ミサイル部隊の協力を得ることによって、台湾とルソン島のあいだの海峡部、これはバシー海峡とバリンタン海峡ですが、そこを通航しようとする中国艦船を遮断《しゃだん》することができます。

南シナ海の南端の部分では、シンガポールから出動するアメリカ海軍の艦艇や航空機と、ナトゥナ諸島に展開したインドネシア軍の地対艦ミサイル部隊、それにボルネオ島とマレー半島の南シナ海沿海域に展開するマレーシア軍の地対艦ミサイル部隊、場合によってはマレーシア海軍やインドネシア海軍も参加して遮断する。そうなれば、中国艦船がシンガポール沖やジャワ海に達することを阻止できます」

統合幕僚長が引き継ぐ。

「このほかにも、南シナ海からフィリピンの島々の海峡部を通り、スールー海、セレベス海、そして西太平洋へと抜け出ることも可能なため、沿岸域に展開したフィリピン軍の地対艦ミサイル部隊に睨みを利かせてもらいます。もちろん、海上自衛隊やアメリカ海軍の哨戒機ならびに艦艇も出動し、連携を取ることになります」

「それらの海峡部にさしかかった中国船は、すべて地対艦ミサイルの餌食《えじき》になるというわけだ」――地図を見つめながら、そうつぶやいた首相に対し、陸上幕僚長が否定する。

「いいえ、地対艦ミサイルで、タンカーや貨物船を攻撃することはありません。しかしながら、沿岸域から味方の地対艦ミサイルや地対空ミサイルが敵に睨《にら》みを利《き》かせている海域では、軍艦や巡視船による中国船舶の拿捕作業が安心して行えます。もし、中国軍艦や武装巡視船が拿捕妨害や奪還を企てて接近し、武力を行使してきたならば、それこそ地対艦ミサイルを食らうことになるのです」

統合幕僚長は、首相をはじめ閣僚たちに、決断を促す。

「東南アジア諸国に地対艦ミサイルや防空ミサイルを供与するに当たっては、同時に多額の国防予算を投入し、訓練をはじめとする支援や借款《しゃっかん》を提供してきました。が、そのような国民の血税は、南シナ海の海上航路帯を守り、国民生活の安定を保つために投入されてきたのです。その努力が、今回は目に見える形で報われることになるでしょう。それによって、多くの日本国民が、国防のなんたるかをよりよく理解してくれるものと確信しております。

いまこそ、中国の横暴に立ち向かう時であります。そして日本が決断すれば、アメリカはもとより、中国に圧迫されている南シナ海沿岸諸国は、我が国と結束して中国に立ち向かう手筈《てはず》が整っております。まさに、日本が東アジアでの政治的主導権を手にする千載一遇の好機が到来したのです！」

自衛隊幹部たちの説得力ある説明を聞いた首相と閣僚たちは、国家安全保障会議の名において、「中国の海上交易航路帯を遮断する態勢を固め、中国による南シナ海での日本の海上航路帯妨害を解除させる作戦（中国通商航路帯遮断作戦）」を実施することを決定した。

ただし、この「中国通商航路帯遮断作戦」は、日本、アメリカ、台湾、フィリピン、ベトナム、マレーシア、インドネシア、そしてブルネイが、共同で実施する必要がある。そのため、アメリカ政府をはじめとする各国政府に対して作戦への参加を打診し、確約を得るまでは、南シナ海における状況を的確に分析する作業に当たり、作戦実施を中国側に気取《けど》られないようにすることを決した。そうして国家安全保障会議は、いったん散会となった。

南シナ海を南下する日本船の決断

〈三月一〇日午後六時：ＶＬＣＣ「ＹＵＧＡＷＡＳＡＮ」〉

中国による対日航路妨害通告を確認したＶＬＣＣ「ＹＵＧＡＷＡＳＡＮ」は、中国の軍事基地があるスカボロー礁の南西一八〇海里（約三三〇キロ）の南シナ海上を、ペルシア湾を目指して自動パイロットシステムが時速一四ノット（約二六キロ）を維持しつつ、南下していた。

北北西およそ一八〇海里には、中国の南シナ海進出拠点である永興島のある西沙諸島がある。日本のタンカーにとっては、このような状況下では、極めて気味の悪い海域を航海していることになる。

「YUGAWASAN」がこのまま南進を続け、ナトゥナ諸島北方一〇〇海里（約一九〇キロ）沖の九段線の外側になると考えられる海域に到達するには約六〇〇海里（約一一一〇キロ）、現在の位置からバシー海峡に引き返すのには約五四〇海里（約一〇〇〇キロ）を航海する必要がある。

中国側の通告によると、対日航路妨害は三月一二日午後一時から実施される可能性があるということであるから、あと四二時間強のうちにナトゥナ諸島北方沖に達するか、バシー海峡に引き返していなければ、中国海軍や中国海警局によって何らかの危害を加えられてしまうかもしれない。

ただし、燃費は低下するものの、時速一五ノット（約三〇キロ）以上に増速して南下を続ければ、ナトゥナ諸島北方沖には四〇時間後までに到達することが十分可能である。一方、バシー海峡に引き返すには、Uターンをするという厄介《やっかい》なプロセスを考慮しても、三八時間ほどで済む。中国の航路妨害が開始されるころには、フィリピン海に回り込んで、安全な迂回航路を南下していることになる。

が、引き返して迂回航路をとる場合、このまま南下を続けるより二〇〇〇海里(約三七〇〇キロ)以上も遠回りをすることになるので、ペルシア湾への到着が、少なくとも一四〇時間以上は遅延してしまうことになる。また、「YUGAWASAN」自身の燃料消費も馬鹿にならない量になってしまう。

「YUGAWASAN」の船長や機関長はじめオフィサーたち、それに彼らと連絡を取り合っている日本の本社運行管理部門の幹部社員たちは、「中国が宣言している時刻までに九段線の南方海域に抜け出ていれば、よもや危害を被ることはあるまい」と判断した。そして、「そもそも九段線の境界は曖昧《あいまい》で、果たしてナトゥナ諸島北方一〇〇海里沖が安全な海域かどうかは分からない」といった慎重意見は退けられた。

「YUGAWASAN」はオートパイロットの速度を一四ノットから一五・五(時速約三〇キロ)ノットに増速し、南シナ海を南下し続けた。

ミサイルバリアで海峡を封鎖せよ

〈三月一〇日午後八時:ワシントンDC・ホワイトハウス〉

二〇一五年秋以降、これまでも、南沙諸島周辺海域を中心に散発的ながらもFONOPを実施してきているアメリカに対し、中国はFONOP中止の要求を執拗《しつよう》に繰り返してきた。

ところが今回の中止要求では、日本に対する極めて強硬な要求が付随しているため、ホワイトハウスならびにペンタゴンや太平洋軍司令部（ハワイ・ホノルル郊外）を中心とする米軍首脳たちは、これまで以上に難しい決断を強《し》いられることになった。

中国側が日本に突きつけた要求は、場合によっては南シナ海で「対日通商破壊戦」を実施するとの意味合いであり、準開戦通告とみなされ得る程度に危険な内容である。そのため、日米安全保障条約が存在している以上、アメリカとしても日本を軍事的に支援する何らかの行動を起こし、中国の動きを牽制《けんせい》しなければならない。さもないと、日本だけでなく、オーストラリアや韓国、それにフィリピンなどの同盟国の信頼を失う。アメリカの沽券《こけん》に関わることになってしまうのだ。

しかしながら、「オバマ政権時代に質・量ともに低下してしまった海洋戦力を立て直す作業がようやく軌道に乗ってきたとはいえ、現状では、中国人民解放軍との本格的な直接衝突は避けなければならない」というのが、ペンタゴンとホワイトハウスの真意である。

三月一〇日の未明、ペンタゴンと国務省を経由してホワイトハウスに、日本政府から「中国通商航路帯遮断作戦」の共同実施要請が飛び込んできた。いわゆる日米同盟がスタートしてすでに半世紀以上もの年月が経っているが、日本政府から共同軍事作戦の実施を働きかけてきたのは、これが初めてだ。そのため、午前六時から緊急の国家安全保障会議が開催されることとなった。

日本政府からの共同軍事作戦要請という異例の事態に、さすがの大統領や国務長官も驚きの表情を隠せない。そこに、国防長官に同行してきたアジア太平洋安全保障担当国防次官補がブリーフィングを始めた。

「日本の国防当局が中国の海上交易航路帯の遮断という反攻態勢を固め、中国による航路帯の遮断を中止させる作戦の実施を要求しているのは、何も驚くには値しません。我が太平洋艦隊などとともに、今回のような中国の脅迫を想定して実施してきた各種シミュレーションをもとに、着々と準備を進めてきた多国籍軍共同軍事作戦の一つだからです」

国防次官補は、細長いテーブルに座る会議参加者の顔を見渡した。

「そもそも、南シナ海や東シナ海の海峡部で中国の艦艇や商船を遮断し、中国を南シナ海と東シナ海に封じ込めてしまう発想は、我が国の戦略家たちも以前から考えていたシナリオです。

日本やフィリピンなど、中国と直接向き合っている同盟国はともかく、我が国にとっては、中国海軍が東シナ海と南シナ海から第一列島線を越えて太平洋に進出してこなければ、とりあえず深刻な問題ではない。そのため、日本からマレーシアに至る第一列島線上の海峡部に地対艦ミサイルや地対空ミサイルを展開させ、中国海軍を南シナ海と東シナ海に封じ込めてしまおうというわけです」

同じく国防長官に同行してきた戦略および要求事項担当国防次官補が、次のように補足する。

「このようなアイデアは、残念ながら、我々自身が地対艦ミサイルを装備していないことと、我が国に地対艦ミサイルを生産しているメーカーがないために、なかなか実現しないでおりました。しかし、ようやく国防に本腰を入れ始めた日本が、地対艦ミサイルバリアを、東シナ海沿岸に構築し始めたのです。

日本は自ら高性能地対艦ミサイルを製造しており、以前より地対艦ミサイル部隊も常備していました。この分野では先進国なのです。そこで、我が国が長射程地対空ミサイルを、日本が地対艦ミサイルを、共同で東南アジア諸国に供与する。こうして日米により、システム運用の教育訓練や合同図上演習も実施しています」

今度はアジア太平洋安全保障担当国防次官補が説明する。

「日本が東シナ海沿岸域で実施しているグレートバリア戦略は、中国海洋戦力の日本接近を阻止するための戦略ですが、我が国と日本が支援して南シナ海沿岸諸国に設置しているミサイルバリアの主たる目的は、南沙諸島などの領有権争いで実質的に中国の軍事的優勢を認めざるを得なくなった国々が、さらなる中国の横暴に備えるためのものです。

具体的には、今回の対日海上航路帯封鎖のように、中国が南シナ海の海上航路帯や漁場などを勝手気ままにコントロールしようという企てを実施した場合、海峡部をミサイルバリアで遮断するとともに、長大な沿岸域に中国艦艇を寄せ付けない態勢を固めて中国に対抗しよう、そうした戦略なのです」

戦略および要求事項担当国防次官補が引き継いだ。

「小型の地上移動式発射装置（ＴＥＬ）に搭載される地対艦ミサイルや防空ミサイルを遠距離からピンポイントで破壊する技術は、未だに中国も我々も手にしておりません。したがって、ミサイルバリアによって海峡を封鎖したり海洋戦力の接近を阻止する戦略はきわめて効果的で、中国との強力な交渉手段となり得るのです」

「日本の指揮下に米軍が入る?」

最後にアジア太平洋安全保障担当国防次官補が、結論を述べた。

「いずれにせよ、我々によるミサイルバリア態勢が稼働を開始すれば、中国側は日本に対する脅迫をやめざるを得ません。いくら中国共産党指導部が軍事的な自信を付けてはいても、我が国と日本、それにベトナム、マレーシア、フィリピン、インドネシア、さらには台湾までをも相手にして大戦争に踏み切ることは不可能。それを理解できないほどの馬鹿ではありません。

それら諸国に加え、オーストラリアやニュージーランドそれにイギリスも、『五ヵ国防衛取極（ＦＰＤＡ）』を根拠に、我が陣営に加わることは明らかです。さらにインドも、この機を逃さず、中印国境紛争地域を奪還するため、我が陣営に加わる公算が大です」

国防次官補たちに続いて国防長官が、大統領はじめ国家安全保障会議の面々に対し、決断を促した。

「日本が力を入れて東南アジア諸国に地対艦ミサイルなどの供与を推し進めてきたおかげで、我々が考えていた以上にミサイルバリアの準備は整っているという報告を受けております。幸い我が空母打撃群も、横須賀とグアムで出動態勢がすぐに完了する予定ですから、直ちに日本との共同作戦は実施可能です。

もっとも、ほとんど考えられないのですが、万が一にもこの作戦が頓挫《とんざ》した場合、中国とのトラブルを極小化するために、今回の共同作戦は、日本に主導させたほうが得策でしょう」

しかし大統領は、渋い顔をしている。この男が不満を持つのは当然のことだ。

「……日本の指揮下に、我が米軍が入るのか？」

国防長官が仲を取りもった。

「今回の多国籍共同作戦では、日本製の地対艦ミサイルが威力を発揮することになりますが、我が国が供与した長射程対空ミサイルもまた、極めて重要です。我が軍の哨戒機も決定的に重要な役割を果たします。このほか、空母打撃群を二セット展開させることになりますので、日本が作戦を主導するといっても、作戦が成功すれば、強大な米軍の戦力によって目的が達成されたと宣伝すればいいのです」

こうして大統領はじめ国家安全保障会議を構成するメンバーたちは、「共同軍事作戦実施にアメリカは賛同する」と日本政府に対し通告することを、満場一致で決した。

そして、「あくまで今回の作戦の目的が中国による日本への脅迫を取り下げさせることにある以上、作戦全般の指揮は日本が主導することを提案する」といった決定も下した。

直ちにホワイトハウス、国防総省、それに国務省は、それぞれの公式ルートを通じ日本側に回答を伝えるとともに、台湾、フィリピン、ベトナム、マレーシア、ブルネイ、インドネシア、シンガポール、オーストラリア、ニュージーランド、そしてイギリスの政府・軍当局のしかるべき担当部局へ、極秘裏に打診を開始した。

自衛隊に初めて下された防衛出動

〈三月一〇日午後一〇時：東京・防衛省〉

アメリカ政府から共同軍事作戦実施に同意する旨の回答を得た日本政府は、国家安全保障会議の四大臣会合を再開し、「中国通商航路帯遮断作戦」の発動を正式に決定した。ただし作戦の性格に鑑《かんが》みて、中国政府に対して通告するまで政府内でも極秘とし、出動部隊にも、一部の指揮官たちを除いて作戦の内容は伏せることとした。

自衛隊が設立されて以来初めてとなる自衛隊法第七六条に基づく防衛出動としての「中国通商航路帯遮断作戦」の実施命令を受け、海上自衛隊は、すべての稼働可能な艦艇と航空機に対して出動準備開始を下命した。

陸上自衛隊は、南西諸島の六つの島と本州の海峡部に展開している「グレートバリア戦闘団」に戦闘態勢をとることを指令するとともに、海上自衛隊ならびに航空自衛隊にも補給態勢の確立を急がせた。早期警戒管制機をバシー海峡方面上空に派遣する必要がある航空自衛隊も、警戒機部隊や護衛の戦闘機部隊を厳戒態勢へと移行させた。

防衛省ならびに外務省は、アメリカ側と連携をとりつつ、台湾、フィリピン、ベトナム、マレーシア、ブルネイ、インドネシアの防衛当局と、かねてより調整を進めてきているミサイルバリア網の実戦稼働について、最終調整を開始していた。

それら南シナ海沿岸友好諸国に加え、「五ヵ国防衛取極（ＦＰＤＡ）」に基づいて、マレーシアを軍事的に支援する可能性が高いシンガポール、オーストラリア、ニュージーランド、そしてイギリスに対しても、「中国通商航路帯遮断作戦」への参加あるいは支援を取り付けるため、秘密交渉を始めた。

〈三月一〇日午後一〇時三〇分：横須賀・アメリカ海軍基地〉

横須賀を母港にしているアメリカ第七艦隊第五空母打撃群は、ワシントン州エバレットから西太平洋に展開してきた第三艦隊第一一空母打撃群と、グアム島周辺海域で訓練を実施するため、出動準備中であった。

そのため、第五空母打撃群の旗艦である原子力空母「ロナルド・レーガン」、イージス巡洋艦「アンティータム」、イージス駆逐艦「バリー」「マスティン」、それに空母艦隊の先鋒を突き進んで敵艦の接近に備えるバージニア級攻撃原潜「ワシントン」は、明一一日の早朝までには出動することとなった。

第五空母打撃群の目的地は、バシー海峡周辺海域である。

〈三月一〇日午後一一時：ヤップ島沖・第一一空母打撃群〉

グアム島周辺の訓練海域へと向かってヤップ島沖を航行中であった第一一空母打撃群に、実戦準備を整えつつ南シナ海最南端のナトゥナ諸島海域へ急行せよ、との命令が飛び込んだ。

七〇機ほどの各種航空機を搭載した旗艦「ニミッツ」、イージス巡洋艦「プリンストン」、イージス駆逐艦「シャウプ」「ストックデール」「プレブル」、それに高速戦闘支援艦「レーニア」は、直ちに南西に変針してセレベス海に向かった。セレベス海からマカッサル海峡を通りジャワ海に抜け、南シナ海最南端の目的海域までは、およそ二五〇〇海里（約四六〇〇キロ）、四日の行程だ。

〈三月一一日午前五時：呉・海上自衛隊基地〉

海上自衛隊の先陣を切って、そうりゅう型ＡＩＰ潜水艦「じんりゅう」が、呉海自基地より出動した。目的地はバシー海峡、到着予定は三月一三日正午である。

ＡＩＰ潜水艦は、原子力潜水艦のように海中で高速を出して敵潜水艦を追尾することはできないが、数週間にもわたって海中に潜んだまま、敵を待ち伏せることを得意とする。横須賀から出動してくるアメリカ海軍攻撃原潜と組み合わせることにより、バシー海峡の突破を図る中国潜水艦に対しては、極めて大きな脅威となるのだ。

〈三月一一日午前七時三〇分：佐世保・海上自衛隊基地〉

海上自衛隊の佐世保基地からは、イージス駆逐艦「あしがら」が、バシー海峡を目指して出動した。中国政府が対日航路妨害を発動すると宣言している一二日午後一時頃には、バシー海峡を通過し、南シナ海に突入して、ルソン島北西端沖五〇海里（約九〇キロ）周辺海域に達している予定である。

その海域は、国際法的にはフィリピンの排他的経済水域内であるが、中国当局によると、九段線内部の「中国の主権的海域」ということになる。

〈三月一一日午前一一時：南シナ海沿岸諸国〉

南シナ海での中国との領有権紛争当事国であるフィリピン、ベトナム、マレーシア、ブルネイ、そして台湾政府が、中国による対日航路妨害通告に対し、「これは準開戦通告であり、南シナ海での戦争行為には断固として反対する」と、強い非難声明を発し、歩調をそろえた。

それに対して中国外交部報道官は、こうした国々を直ちに非難し、「悪い仲間にそそのかされて道を誤ると、取り返しがつかないことになってしまうから、よくよく考えて行動するように」と、強い警告を与えた。

日本タンカーに降下する特殊部隊

〈三月一一日午後五時三〇分：南シナ海・ＶＬＣＣ「ＹＵＧＡＷＡＳＡＮ」〉

南シナ海を南方に向け急行しているＶＬＣＣ「ＹＵＧＡＷＡＳＡＮ」は、中国の軍事拠点が設置されている人工島の一つであるスービ礁に最も近接している海域に差しかかった。先ほどから航海用レーダースクリーンには、東と南の方向から、高速で接近しつつある中国海警局巡視船か中国軍艦と思しき船影が映し出されており、乗組員たちは緊張に包まれていた。

やがて、南の水平線から姿を現し、見る見るうちに接近してきた中国海軍ミサイルフリゲート艦「三亜」は、「ＹＵＧＡＷＡＳＡＮ」の左舷側ですれ違った。そうして「ＹＵＧＡＷＡＳＡＮ」の後方を右舷側に回り込み、至近距離を並走し始めた。

引き続き、「ＹＵＧＡＷＡＳＡＮ」の左舷側には、東側から急接近してきた中国海警局武装巡視船「海警２５０２」が、やはり至近距離で並走を始めた。両側を中国艦に挟まれた形で南シナ海を南下する「ＹＵＧＡＷＡＳＡＮ」の乗組員たちにとっては、まさに生きた心地がしない状況だ。

〈三月一二日午後一時：ＶＬＣＣ「ＹＵＧＡＷＡＳＡＮ」〉

中国政府が日本通商航路の遮断を開始すると通告していた時間、すなわち日本時間の午後一時になった。

九段線内海域の、いまや危険海域と化した南シナ海を南下してきた「ＹＵＧＡＷＡＳＡＮ」は、相変わらず中国海軍フリゲート艦「三亜」と中国海警局武装巡視船「海警２５０２」に左右を挟まれるような形で、航行を続けている。

中国政府が設定した航行妨害の開始時間は過ぎてしまったものの、現在「ＹＵＧＡＷＡＳＡＮ」は大ナトゥナ島（ブングラン島）から約一〇〇海里（約一九〇キロ）北北西の沖、北緯六度一分・東経一〇八度八分付近の海域に入り、すでに九段線から抜け出たものと、船長はじめオフィサーたちは判断していた。

しかし「海警２５０２」から、「日本政府は中国政府の要請に応じなかったため、日本に関係する船舶が中国の主権的海域を航行することは認められなくなった。直ちに停船せよ」との無線が入った。

すると、新たに接近してきた中国海軍ミサイル駆逐艦「海口」から発進してきたヘリコプターが、「ＹＵＧＡＷＡＳＡＮ」の上空一〇メートルに接近し、海軍陸戦隊特殊偵察部隊の隊員たちが、次々と上甲板に降り立った。引き続き「海警２５０２」を発進した中国海警局のヘリコプターからも特別臨検隊の隊員たちが乗り移り、船長をはじめ乗組員全員が、中国側の監視下に置かれた。

陸戦隊員たちがタンカーの船内を隅々まで捜索し、武装警備員などがいないことを確認すると、携帯式の対空ミサイルや対戦車ミサイルを携行した陸戦隊員たちが「海口」と「三亜」から乗り移ってきた。万が一にも米軍や自衛隊が奪還作戦を実施した場合に備え、防御態勢を固めたのだ。そして、人質として盾《たて》の役割を果たさせるため、乗組員は船内に残された。

抗戦準備が整った「YUGAWASAN」は、中国海軍要員の操船によって動き始め、ゆっくりとUターンをして、ファイアリークロス礁沖合への航海を開始した。巡視船「海警2502」、フリゲート艦「三亜」、駆逐艦「海口」が周囲の海域と上空を警戒しつつ、「YUGAWASAN」は北東へと徐々に速度を上げていった。

中国海上交易航路帯の遮断通告

〈三月一二日午後三時：東京&ワシントンDC〉

「YUGAWASAN」からの緊急通報を受けてシンガポールからナトゥナ諸島上空に向かったアメリカ海軍P8哨戒機は、「YUGAWASAN」が中国艦に囲まれながら北東に航行している状況を確認した。

P8哨戒機からの報告を共有した日本政府とアメリカ政府は、日米共同図上演習などを通して策定された作戦計画通りに、対抗措置として「中国海上交易航路帯遮断」を通告する時期が訪れたと判断した。日本時間の午後三時をもって、中国政府に対する通告を同時に発表したのだ。

①中国政府は、南シナ海の公海上を航行する日本関係の船舶艦艇の自由航行を軍事力を背景に遮断している。中国政府がこうした国際法秩序を真っ向から否定した暴挙を直ちに中止することを、日本政府そしてアメリカ政府は要求する。

②中国政府が、日本時間の三月一四日午後一時までに拿捕した日本関係の船舶を解放し、日本船舶に対する南シナ海での航路遮断を中止しない場合、日本政府とアメリカ政府は共同で、中国に向かう、そして中国からの、あらゆる船舶の航行を妨害する報復措置を実施する。

③日米共同の報復措置は、あくまでも中国による海上交易航路帯妨害に対する限定的報復であり、中国政府がそれを中止すれば、直ちに報復措置も解除する。

〈三月一二日午後三時半：北京・外交部〉

日米の強硬な通告を受けた中国政府は、即座に「日米が中国の要求を受け入れるまでは一切の交渉には応じない」旨、日米両政府に回答した。それとともに、外交チャンネル、日本のメディア、それにインターネットを通じ、日本政府と日本国民への声明を発信した。

「そもそも中国の南シナ海における主権的海域に軍艦や軍用機を派遣し、中国の主権を蹂《じゅう》躙《りん》しているのはアメリカと日本である。中国は主権維持のため、やむを得ず中国の主権的海域内を通航する日本船舶の航行を制限するという、極めて穏便な対抗措置を実施しているだけだ。

自ら中国の主権を侵害しておきながら、中国が主権を行使しようとすると報復措置を実施している。盗《ぬす》っ人猛《たけ》々《だけ》しいとは、まさに日本政府とアメリカ政府のことだ。

日本国民は、アジア太平洋地域でのアメリカの国益を維持するため、アメリカ政府が日本政府を焚《た》きつけて利用していることに気づいているはずである。悪《あく》辣《らつ》な友人とは早く手を切らなければ、ますます日本国民は泥沼に引きずり込まれてしまう。中国の民間船舶の交易活動を遮断するといった海賊に等しい行為に、日本が手を染めてはならない。

万が一、日本とアメリカが中国の船舶の自由航行を妨害するような事態に立ち至った場合、中国人民解放軍と中国海警局は、あらゆる手段を行使して中国船舶を保護し奪還する。その際、日本やアメリカの艦艇や航空機、そして将兵が犠牲になってしまったとしても、それはすべて日本政府とアメリカ政府の無謀な行動が招いた結果なのである」

世界各国の非難に大反発する中国

〈三月一三日午前九時：南シナ海沿岸諸国〉

フィリピン、ベトナム、マレーシア、ブルネイ、それに台湾といった、中国との領域紛争当事国に加え、インドネシア、シンガポール、オーストラリア、イギリス、それにインドが、中国当局が日本のタンカーを公海上で拿捕するという一方的な準戦争行為に対し、非難する声明を発した。それとともに、日米が宣言した中国に対する報復措置を支持する姿勢も明らかにし、中国が日本に対して行った海上交易航路帯遮断措置を解除するよう要請した。

日米側に立って中国の南シナ海完全支配に待ったをかける決断をしたベトナム政府、マレーシア政府、それにフィリピン政府――彼らは、二年前から日米の政府と秘密裏に締結したミサイルバリア構築協定と引き替えに、武器援助プログラムによって配備が進められていた日本製地対艦ミサイルとアメリカ製地対空ミサイル、それにミサイル部隊防衛用の日本製短距離防空ミサイルを、南シナ海沿岸域の要所へと展開させる作戦を発令した。

日本とアメリカの資金援助により、ベトナム軍もマレーシア軍もフィリピン軍も、地対艦ミサイルと地対空ミサイルを運用する沿岸防衛ミサイル部隊を創設した。そうして過去二年間にわたり、継続して自衛隊・米軍との合同訓練を繰り返してきた。そのため、ミサイル部隊展開は極めてスムーズに滑り出した。

中国に対する非難声明に加え、日本、台湾、フィリピン、ベトナム、マレーシア、それにインドネシアの国防当局は、「四八時間後より、排他的経済水域内で、多国籍合同対艦ミサイル発射訓練を実施する可能性がある。対艦ミサイルは、着弾海域の安全を確認したうえで発射することになるが、予期せぬ事故に巻き込まれないよう、排他的経済水域の航行は可能な限り差し控えるように」と通告。これは国際海事機関（ＩＭＯ：国連内の組織）ならびに中国政府に対してのものだ。

〈三月一三日午前一〇時：北京・外交部〉

中国政府は海上交易航路帯遮断を通告した日米だけでなく、この報復行動を支持したベトナム、マレーシア、フィリピン、インドネシア、シンガポール、そして台湾を非難した。それとともに、「日米による暴挙に荷担《かたん》するのを速やかに中止しない場合、南シナ海での中国の主権的海域内での各種船舶そして航空機の自由行動は認めない」との強い警告を発した。

また、「日米にそそのかされた国々が主張する排他的経済水域の多くの水域は、中国の主権的海域とオーバーラップする。そのような中国の海に向けてミサイルを撃ち込むことは、絶対に容認できない。万が一にも中国の海に撃ち込んだミサイルで、我が国民の生命財産が脅威にさらされるような事態が生じた場合、我が国に対する開戦行為と見なし、あらゆる手段を講じて反撃し、懲罰を加える」との報復宣言も付け加えた。

ロックオンされたP8哨戒機

〈三月一三日午後二時：アメリカ海軍P8哨戒機〉

「YUGAWASAN」が中国軍艦によって鹵獲《ろかく》されて以降、シンガポールからは数度にわたり南シナ海に向け、アメリカ海軍のP8哨戒機が派遣された。中国艦に囲まれる形で北東方向へと進む「YUGAWASAN」の状況を確認するためだ。

拿捕事件から丸一日を経過しようとする一三日午前一一時、ファイアリークロス礁まで五〇海里（約九〇キロ）に接近していた「YUGAWASAN」一行を、シンガポールから飛来したP8哨戒機が捕捉、鮮明な画像・映像を撮影するため、至近距離へと接近を試みた。すると「YUGAWASAN」を誘導する中国海軍ミサイル駆逐艦「海口」から、強硬な警告が飛び込んできた。

「領空侵犯機に警告する。中国の主権的海域上空から直ちに立ち去れ！　我が国の主権を守るため、警告に従わない侵入機は、撃破する！」

「この海域は公海である」と応答しつつ追尾を続けるP8哨戒機に、二機の中国空軍Su27SK戦闘機が急接近してきた。ファイアリークロス礁の航空基地からスクランブルをかけてきたのだ。中国戦闘機にロックオンされたP8哨戒機は反転し、「YUGAWASAN」から遠ざかるしか為《な》す術《すべ》がなかった。

〈三月一三日午後三時：台湾〉

以前から台湾は、独自に強力な地対艦ミサイルを開発し、中国人民解放軍が侵攻してくる恐れのある台湾海峡の防備を厳重にしていた。そして、その対艦ミサイルを増強するための資金援助を密かに日米から得る見返りとして、対馬から九州そして南西諸島を経て、台湾とフィリピンからマレーシアに至る中国海軍封じ込めのためのミサイルバリア構想に参加していた。

台湾海峡沿岸域の数地点に加え、与那国西海峡に面する洋寮鼻や鼻頭角などには、台湾が独自に開発した雄風2型対艦ミサイル（HF2、射程一六〇キロ）と、雄風3型超音速対艦ミサイル（HF3、射程一四〇キロ）を配備。バシー海峡に面する鵝鑾鼻《がらんび》岬《みさき》周辺には、改良型の雄風2型対艦ミサイル（射程二〇〇キロ）や雄風3型超音速対艦ミサイルを配備するとともに、自衛隊と米軍との共用データリンクシステムを確立していた。

〈三月一四日午前一〇時：ルソン海峡〉

一一日早朝に横須賀を出港した原子力空母「ロナルド・レーガン」を旗艦とする第五空母打撃群は、途中、沖縄のホワイトビーチ沖で海兵隊の艦載機部隊の受け入れ作業などを行い、ルソン海峡に到着した。空母と巡洋艦、そして二隻の駆逐艦は、ルソン海峡の中央付近に位置するイトバヤット島西方沖四〇海里（約七〇キロ）周辺に展開した。

空母打撃群が展開している海域の前方海中には、海上自衛隊そうりゅう型ＡＩＰ潜水艦「じんりゅう」と、アメリカ海軍バージニア級攻撃原潜「ワシントン」が、中国海軍潜水艦の接近に備えて厳戒態勢をとっている。

国家緊急権の発動で日本の海峡は

〈三月一四日午前一一時：東京・首相官邸〉
日本政府は国家緊急権の法理を発動し、領海法附則第二項を停止した。すなわち、これまで長きにわたって日本政府が「特定海域」として国際海峡とみなしてきた津軽海峡、対馬海峡（西水道韓国側を除く）、大隅海峡は、ようやく国際海洋法条約の原則通り、日本の領海に戻されたのだ。

ただ、それらの海峡部が日本の領海であるからといって、直ちに外国の艦船が通過できなくなるわけではない。しかし、それら海峡を通過しようとする中国艦船の航行を遮断する作戦を日本領海内で執り行うこととなるため、日本にとっては極めて有利となる。

〈三月一四日正午：対馬海峡＆津軽海峡〉

中国の東シナ海沿岸域や黄海・渤海湾《ぼっかいわん》沿岸域の貿易港とアメリカ・カナダ西海岸の貿易港を行《ゆ》き交《か》う各種貨物船の多くが、東シナ海から対馬海峡を抜けて日本海に入り、日本海から津軽海峡を抜け、太平洋に出る。そうして北太平洋を横断し、北米西海岸に到達するのだ。

この日も、中国と北米を結ぶ多くの貨物船が対馬海峡を北上あるいは南下していた。同様に津軽海峡でも、多くの中国関係貨物船が東進あるいは西進していた。ただし本日からは、それらの海峡は国際海峡ではなく、日本の領海となった。したがって、中国政府が自国領海と称する南シナ海の公海上を縦貫する海上航路帯で、日本関係船舶が通航するのを遮断した暴挙に対する報復措置として、日本も中国船舶がそれらの海峡を通航することを拒否することは可能だ。

とはいうものの、いきなり中国関係船舶を拿捕してしまうといった強硬手段を行使すると、国際社会からも反発を招きかねない。そのため、とりあえず津軽海峡や対馬海峡、それに大隅海峡などを通航する中国船舶を威圧し、抵抗してきた場合のみ拿捕する方針である。

津軽海峡には、海上自衛隊から哨戒ヘリコプター一〇機を積載したヘリコプター空母「ひゅうが」、駆逐艦二隻、ミサイル艇二隻が出動し、海上保安庁の巡視船六隻とともに、海峡通航を企てる中国船に接近し、威圧を始めた。

対馬海峡（西水道・東水道）にも、海上自衛隊から哨戒ヘリコプター一二機を積載したヘリコプター空母「いずも」、駆逐艦三隻、ミサイル艇二隻が、八隻の海上保安庁巡視船とともに、中国船舶に対し目を光らせる態勢を固めた。

このほか、大隅海峡から与那国西海峡（与那国島と台湾のあいだの海峡部）に至る南西諸島の海峡部には、ヘリコプター空母「いせ」をはじめ、海上自衛隊の駆逐艦六隻、海上保安庁の巡視船一二隻が配備され、海峡部を通航する中国船へ威圧的警告を加えるとともに、万一の場合には拿捕する準備を整えた。

中国船のチョークポイントを封鎖

〈三月一五日午前八時：大ナトゥナ島南西沖五〇海里（約九〇キロ）〉

三月一一日未明にグアムを出発したアメリカ海軍第三艦隊第一一空母打撃群の空母「ニミッツ」、イージス巡洋艦「プリンストン」、イージス駆逐艦「シャウプ」は、セレベス海からマカッサル海峡を通過した。そうしてジャワ海に出て、カリマンタン島（ボルネオ島）を回り込み、南方から南シナ海を北上した。そうして大ナトゥナ島南西沖五〇海里海域に到着したのだ。

途中、イージス駆逐艦「ストックデール」と「プレブル」は、セレベス海からスールー海に北上し、フィリピン諸島の海峡部を突破しようとする中国艦艇に備えた。高速戦闘支援艦「レーニア」は、シンガポールへと向かった。

一方、陸上に目を転ずると、南シナ海を取り囲む沿岸地帯の二〇ヵ所には、それぞれ日本から供与された「改良型12式地対艦ミサイル」「93式近距離地対空ミサイル」、それにアメリカから供与された「ペイトリオットスタンダード地対空ミサイル」を装備した、フィリピン軍、マレーシア軍、ブルネイ軍、インドネシア軍、それにベトナム軍（ベトナム軍はロシア製長射程地対艦ミサイルも保有している）が配置に就いていた。

それら地上ミサイル部隊は、ルソン島のスービック基地やパラワン島のアントニオ・バウティスタ基地を本拠地にする海上自衛隊のＰ１哨戒機とアメリカ海軍のＰ８哨戒機とのデータリンクを確立した。これで攻撃目標の特定や着弾地点の確認などを行う手筈は万全だ。

中国艦船が東シナ海と南シナ海から太平洋やインド洋に抜け出るための海峡部、チョークポイントを封鎖してしまう態勢は整った。

海自P1哨戒機からの警報

〈三月一五日午前九時：与那国西海峡〉

与那国島の北西二五海里（約五〇キロ）海上を与那国西海峡に向かっている中国船籍貨物船に対し、海上自衛隊駆逐艦「あさひ」が、「本海域ではミサイル発射訓練が実施されるため航行は危険である。直ちに反転し、中国に戻りなさい」と警告を発しつつ、急接近した。

警告を無視して南下を続ける中国貨物船の周囲に対し、「あさひ」は警告射撃を加えるとともに、繰り返し停船命令を伝達した。午前九時過ぎ、ようやく停船した中国貨物船の上空一〇メートルに接近した海自艦載ヘリコプターから、完全武装の海自特別臨検隊員が甲板に降り立ち、中国貨物船の乗組員を制圧した。引き続き、艦載ヘリコプターと艦載複合艇から陸自水陸機動団隊員を送り込み、貨物船内の捜索を開始する。

「あさひ」が中国貨物船に警告を発する以前から付近の上空を警戒していた海自P1哨戒機は、尖閣諸島魚釣島《うおつりじま》の西方三〇海里（約六〇キロ）を貨物船の後を追うよう南南西に突き進む中国海軍駆逐艦らしき艦影を捕捉しており、「あさひ」に警報を送っていた。やがて艦載ヘリコプターのレーダーにも、中国駆逐艦と思しき船影が、こちらに急接近してくる様子が映し出された。

すると「あさひ」に、中国海軍052C型ミサイル駆逐艦「長春」（「神盾」イージスレーダーシステム搭載）から、英語と日本語によって、「公海上で中国船を拿捕するのは海賊行為である。直ちに解放せよ。さもなくば、本艦は武力を行使してでも救出する」との警告が飛び込んできた。

それに対し「あさひ」は、「本海域はミサイル訓練海域であり、本艦は貨物船を保護したのである。すでに地対艦ミサイル訓練が開始されている。貴艦も直ちに反転しないと危険な状況に直面する」との警告を発するとともに、対水上艦戦闘態勢を完了させた。

同時に海自P1哨戒機も「長春」上空方面に接近し、「あさひ」とのデータリンクを維持した。海自駆逐艦と哨戒機のデータリンクは、与那国島と石垣島それぞれに展開する陸上自衛隊「グレートバリア戦闘団」、そして与那国島の対岸の台湾沿岸三ヵ所に展開している台湾軍地対艦ミサイル部隊とも行われている。

中国海軍駆逐艦「長春」には、海上自衛隊駆逐艦「あさひ」から、「ミサイル発射訓練が開始されている、直ちに反転せよ」との警告が繰り返し発せられている。

すると「長春」の防空システムは、「あさひ」の後方四〇キロ付近上空からマッハ〇・九のスピードで向かってくる飛翔体を捕捉。その直後、東南の方向からも同様の飛翔体が急接近してくる模様が、レーダースクリーンに映し出された。

アメリカ海軍と海上自衛隊が誇るイージス戦闘システムに勝るとも劣らないとされる「神盾」防空システムは、接近しつつあるミサイルは九分後に「長春」に着弾すると計算した。直ちに「神盾」防空システムは、紅旗9型対空ミサイルを二発ずつ、それぞれのミサイルに対して自動連射した。

四発の紅旗9型対空ミサイルは、マッハ四で二つの目標に接近していき、一分一五秒後、「長春」のレーダーから二つの飛翔体は消え去った。

すると今度は、東南方向の三ヵ所から、それぞれ一つずつの飛翔体が接近する模様がレーダースクリーンに映し出された。中国海軍が誇る「神盾」防空システムにとっては、数発のミサイルや数機の敵機程度の攻撃は、さしたる問題ではないとされる。

「神盾」防空システムのコンピュータは、的確に、紅旗9型対空ミサイルを二発ずつ、それぞれの目標めがけて自動連射した。再び六発の紅旗9型対空ミサイルが連続して上空に消え去ってから一分後、台湾から発射されたと考えられるミサイルと思しき飛翔体は、「長春」のレーダースクリーンから姿を消した。

台湾の超音速対艦ミサイルの威力

「長春」の戦闘指揮所の面々は、ほっと一息ついた。しかし「長春」の指揮官ならびに参謀たちは、極めて悪い、いや最悪に近い状況に直面していることを自覚していた。

というのは、紅旗9型対空ミサイルが撃ち落とした飛翔体は、明らかに対艦ミサイルと思われる。しかしレーダーでは、敵航空機らしき機影から発射された様子はまったく探知されていない。地上から発射された地対艦ミサイルに違いないだろう。「神盾」防空システムの解析によると、与那国島、石垣島、台湾の洋寮鼻周辺、鼻頭角周辺、陽明山《ようめいさん》方面から発射されたものと考えられる。

通常、地対艦ミサイルによって敵艦艇を攻撃する場合、対艦ミサイルは攻撃目標の直近までは海面すれすれを飛翔してくる。そのため、八〇キロ以上も距離が離れた段階で、それも高空を飛翔してくる対艦ミサイルを探知することはあり得ない。

ところが「長春」の対空レーダーが探知したミサイルは、五発すべてが海面すれすれではなく、高空を飛翔してきた。これは明らかに、「長春」を威嚇するため、日本の自衛隊と台湾軍が、海面上空数百メートルの高空を、できるだけ「長春」に探知されるように発射したものに違いない。

自衛隊と台湾軍が「長春」を撃沈する意図を持って地対艦ミサイルを発射した場合、海面上空五メートル程度を飛翔してくる対艦ミサイルは、三〇キロ以内に接近してこなければ、発見できない。対空戦闘可能時間は、最大で、二分三〇秒にも満たない。

「神盾」対空システムによって対空ミサイルが連射できるものの、五ヵ所から、おそらく実戦の場合は併せて二〇発以上の対艦ミサイルが殺到することになるため、間違いなく数発のミサイルが直撃する。それに、そもそも台湾軍は超音速対艦ミサイルを保有しているので、紅旗9型対空ミサイルでも防ぎきれない。

「長春」の戦闘指揮所でこのような状況分析が語られていたところに、中国語による無線が飛び込んできた。台湾軍からだ。

「貴艦が航行中の海域は、我が国の排他的経済水域であり、かねてより公表し注意を呼びかけていたように、現在、対艦ミサイル発射訓練中である。訓練のために発射された我が国のミサイルを、貴艦は撃墜してしまった。これは我が国に対する敵対行為とみなさざるを得ない。もし、そのような意図がないのならば、直ちに反転し、立ち去りなさい」

引き続き「あさひ」からも、英語によるものではあるが、台湾軍と同一の警告が発せられた。

「台湾軍が日本の連中と手を組んでミサイルをぶっ放してきた。ミサイル発射訓練だと！まったくふざけている」

「長春」の艦長は憤《いきどお》りつつも、幕僚たちに指示した。

「この挑発行為によって、いよいよ北京は台湾を討伐する決断をすることになるのだろう。

しかし、現時点で撤退しなければ、間違いなく撃沈される。たとえ撃沈覚悟で『あさひ』を沈めても、本艦が沈んでしまっては、コストパフォーマンスが悪すぎる。それに、台湾軍と自衛隊の地対艦ミサイルを攻撃することは、本艦には不可能だ。ここは、ひとまず撤収する」

一斉に火を噴く地対艦ミサイル

〈三月一五日午前一〇時半：南シナ海各所〉

陸上自衛隊と台湾軍の地対艦ミサイルによる威嚇攻撃、偽装の対艦ミサイル発射訓練を「長春」が目《ま》の当たりにし、無駄な抵抗を避けて反転帰投したのとほぼ時を同じくして、南シナ海の各地でも、似たような光景が繰り広げられていた。

スカボロー礁東方海上では、合同訓練中のフィリピン海軍コルベット艦と海上自衛隊イージス駆逐艦「あしがら」を追い払うべく、スカボロー礁海軍施設から出動した中国海軍ミサイル駆逐艦とミサイルフリゲート艦に対し、ルソン島沿海域の二ヵ所で配置に就いていたフィリピン陸軍ミサイル部隊から「改良型12式地対艦ミサイル」二発が威嚇発射された。

ミスチーフ礁東方沖に接近してきた合同パトロール中のフィリピン海軍コルベット艦と、マレーシア海軍コルベット艦を威嚇するため、ミスチーフ礁海軍施設から出動してきた中国海軍ミサイルフリゲート艦と高速コルベット艦に対しては、パラワン島の二ヵ所に展開したフィリピン海兵隊ミサイル部隊から、「改良型12式地対艦ミサイル」が、それぞれ一発ずつ威嚇発射された。

マレーシアが実効支配しているスワロー礁(中国名:弾丸礁)の南東二五海里(約五〇キロ)周辺海域を合同パトロール中のマレーシア海軍ミサイルフリゲート艦と、ブルネイ王国海軍コルベット艦に接近してきた中国ミサイル駆逐艦とミサイルフリゲート艦に対し、ボルネオ島コタキナバル近郊で配置に就いていたマレーシア陸軍ミサイル部隊と、ブルネイのセラサ郊外に展開したブルネイ王国軍ミサイル部隊から、やはり「改良型12式地対艦ミサイル」が威嚇発射された。

中国軍が対空ミサイル部隊を配置しているトリトン島の二〇海里(約四〇キロ)西方沖に接近したベトナム海軍コルベット艦を威嚇しつつ追跡していた中国海軍ミサイルフリゲート艦に対しては、トリトン島対岸に展開したベトナム海兵隊沿岸防衛部隊から「改良型12式地対艦ミサイル」二発が威嚇発射された。

九段線南端付近の海域をパトロールしていたインドネシア海軍コルベット艦を威圧するために接近してきた中国海軍ミサイル駆逐艦に対しては、大ナトゥナ島で配置に就いていたインドネシア軍ナトゥナ諸島防衛部隊から「改良型12式地対艦ミサイル」が発射された。

「多国籍共同地対艦ミサイル発射訓練」の名目で、中国海軍艦艇を威嚇するために南シナ海沿岸諸国が発射した日本製地対艦ミサイルは、いずれも高空を飛翔させたため、予定通り、すべて中国艦艇によって撃墜された。とはいうものの、地対艦ミサイルによる威嚇攻撃は功を奏し、これまで南シナ海や東シナ海で攻撃など受けることはあり得ないと油断していた中国艦艇は、恐怖におののいた。

日米の作戦家たちの目論見《もくろみ》通り、中国海軍指導部は、「万一攻撃の意図をもって地対艦ミサイルが連射された場合には、艦載の防空用ミサイルは枯渇《こかつ》してしまうため、間違いなく撃沈される」と、的確な判断を下した。威嚇攻撃を受けた直後、すべての艦艇に対し、撤退命令を下さざるを得なかったのだ。

アメリカ侵攻艦隊の接近を阻むために各種地対艦ミサイルによる防御網を構築してきた中国人民解放軍は、軍艦だけでは地対艦ミサイルとは戦えないことを熟知している。そのため、日本が主導して南シナ海沿岸諸国とともに張り巡らした地対艦ミサイルバリアの威力を見せつけられては、屈せざるを得なかったのである。

ミサイル発射訓練と称する攻撃

〈三月一五日正午：北京・中南海〉

中国共産党中央軍事委員会首脳会議が開催されるとの緊急参集を受け、中南海の一隅に集まった中国共産党と中国人民解放軍の最高首脳たちを前に、人民解放軍総参謀部第二部主席参謀が、東シナ海と南シナ海の戦況図を映し出しながら、以下のように報告を始めた。

「……すでに報告しておりますように、南シナ海と東シナ海の数ヵ所で、日本、台湾、フィリピン、ベトナム、マレーシア、ブルネイ、そしてインドネシアが、地対艦ミサイル発射訓練と称し、我が海軍艦艇に威嚇攻撃を仕掛けてきました」

国家主席は困惑の表情を浮かべ、問い質す。

「それは威嚇なのか？　攻撃してきたのではないのか？」

主席参謀が答える。

「明らかに威嚇です。そもそも、アメリカと日本をはじめとする追従勢力は、ミサイル発射訓練を実施するというふざけた声明を出していたうえ、『神盾』防空システムのような高性能防空レーダーではない平凡なレーダーシステムでも容易に探知できるように、地対艦ミサイルを発射しております。実際に、すべての我が艦艇は、それら地対艦ミサイルをかなり遠方で探知し、すべて撃墜しました。

もっとも、それらの地対艦ミサイルは、我が艦艇の方向に向かって飛んでおりましたが、実際に我が艦艇に命中させようとしていたかどうかは不明です。いずれにせよ、たとえ非力なフィリピンの軍艦でさえ一〇〇パーセント撃ち落とせるようにして地対艦ミサイルを発射したのは、攻撃ではなく、間違いなく威嚇のためということになります」

血相を変えた国家主席が叫ぶ。

「地対艦ミサイル発射訓練だと！ そういいながら威嚇したのか？ 我々は完全に舐《な》められているではないか？ 正当防衛ということで徹底的に反撃し、地対艦ミサイル陣地を破壊してしまうことはできなかったのか？」

総参謀部第一部主任が直立不動になり、こう答えた。

「それは不可能です……残念ながら、軍艦からでは、おそらく二〇〇キロ以上離れている地対艦ミサイルの発射地点を特定できません。台湾の地対艦ミサイルのなかには、砲台のような固定基地から発射されるものもありますが、ほとんどが我が軍と同様、地上移動式発射装置（TEL）から発射されるからです。

したがって、TELを発見して反撃を加えるには、攻撃機が必要になります。が、攻撃機を接近させると対空ミサイルで迎撃されてしまうため、迂闊《うかつ》には攻撃機を飛ばすことはできません。

このように、地対艦ミサイルと対空ミサイルの組み合わせは極めて厄介《やっかい》な代物《しろもの》だからこそ、我が人民解放軍がアメリカ侵略軍の接近を阻むために大がかりに採用しているのです。

それに気づいた日本の連中は、我が戦力を近づけさせまいと、ミサイルバリアを築き始めたというわけです」

海軍司令員（中国海軍のトップ）が補足する。

「もちろん敵のTELを沈黙させることは、不可能ではありません。敵が地対艦ミサイルを発射したであろう地域を絨毯《じゅうたん》爆撃してしまえば良いのですから。ただし、TELの移動範囲は広いため、たとえば与那国島や石垣島なら、島を丸ごと徹底的に爆撃しなければならなくなります。つまり局地的反撃などというレベルではなく、本格的戦争を開始することになるわけです」

激昂する中国国家主席

国家主席はまだ納得できない。

「ミサイルをぶっ放したのは奴らのほうからだ。明らかに自衛反撃戦争ということになるではないか！」

国家主席は、あくまで強硬だ。が、総参謀長は冷静さを保ちつつ、こう告げた。

「今朝の地対艦ミサイル発射の状況をお忘れなく。アメリカがしゃしゃり出てくるのが厄介なわけですが、台湾、フィリピン、ベトナム、マレーシア、ブルネイ、それにインドネシアまで威嚇してきました。南シナ海で使われた地対艦ミサイルは日本製と考えられますが、アメリカも、何らかの形で関与していることは、間違いありません。

加えてイギリス連邦に加盟するマレーシアが日米陣営に加わっているということは、『五ヵ国防衛取極』によって、イギリス、オーストラリア、ニュージーランド、シンガポールも仲間に加わることを意味します」

総参謀長は続ける。

「そうなると、我が国に対する海上封鎖網を武力によって打ち破るためには、日米との本格的戦争、台湾との戦争、ベトナムとの戦争、南シナ海沿岸諸国との戦争、イギリス連邦加盟諸国との戦争を、同時に戦わなければならなくなります。

そもそも我々が今回、日本を脅《おど》しつけたのは、あの目障《めざわ》り極まりないアメリカのFONOPを中止させるためだったのです。ところが、我々が少々油断しているうちに、日本の連中は、我々が生み出した戦略を逆手《さかて》にとり、ミサイルバリアを作り上げてしまったようです。

我々が大量のミサイルシステムを採用したのは、米軍といえども、我が沿岸地域に構築されたミサイルバリアには接近できないからです。それはすなわち、我々も同様に、敵のミサイルバリアには近づけないということを意味します」

第一部主任が立ち上がった。

「総参謀部といたしましては、現時点では、日米とそれに与《くみ》した諸国と戦争を始めることは避けるべきと考えます。我がほうが開戦に踏み切った場合、日本や台湾やフィリピンなどの島国との戦闘だけでは済まなくなり、ロシアのミサイルと日本の中古戦車で戦力を強化しているベトナムとは、地上戦も覚悟しなければなりません。

ベトナムと同じく自衛隊の中古戦車で戦力強化されたモンゴルも、内蒙古《ないもうこ》奪還の動きを見せるかもしれない。当然、インドにとっても好機到来ということになり、我が国との国境紛争地帯に侵攻してくるに違いありません。ブータンすらも、どさくさに紛れて自国領奪還に動く可能性が極めて高いと思われます。そして、ロシアも一〇〇パーセントは信用できません……。

地上戦まで始まってしまうと、日米の海洋戦力に、オーストラリアやイギリスの増強戦力が加わってしまい、我が軍は身動きがとれない状態に陥りかねません。現在、大戦争に突入するメリットは、まったく存在しないと考えます」

総参謀長が引き継ぐ。

「日本とアメリカの要求は、南シナ海で我々が実施している対日航路封鎖を解除することであります。そして、九段線内部でも公海航行自由原則を尊重せよという、かねてよりのアメリカの主張です。なにも西沙諸島や南沙人工島基地群、それにスカボロー礁を明け渡せとはいっていない。それら諸島に対する領有権の主張を引っ込めろともいっておりません」

海軍司令員も口を開いた。

「もちろん、九段線内側の海域を完全に公海と明言することは絶対に避けなければならないが、ただ有耶無耶《うやむや》な状態を続けていれば良いのです。たしかにアメリカのＦＯＮＯＰや日米その他諸国の抗議活動は小うるさいが、現段階で大戦争を起こすことは決して得策とはいえません。しばらくは臥薪嘗胆《がしんしょうたん》し、既得権益だけを死守する態勢を維持すれば良いのです」

ここに至っても、国家主席は、まだ納得できないという表情をしている。

「……ミサイル発射訓練などというふざけた威嚇攻撃を受けて引き下がるのは癪《しゃく》な話ではないか。しかし、我々の接近阻止戦略を、そのまま逆にされたのだから、仕方がないというわけだな」

その言葉を受けて、総参謀長が国家主席に懇願した。

「ミサイル発射訓練などといってミサイルをぶっ放してきたのに対し、我が艦は身を守るために防空ミサイルを発射せざるを得なかったのだから、発射した防空ミサイルの代金を、日本、台湾、フィリピン、ベトナム、マレーシア、インドネシアに請求しなければなりません。そして、危険な軍事訓練を行ったそれらの国々と、訓練に荷担していたアメリカに対し、何らかの制裁、あるいは非難決議を求めるため、国連安保理の招集を提案するようにしてください」

国家主席は、最後に、中国人民解放軍首脳を見回しながら命じた。

「我が戦略を盗み取り、日本の連中が構築してしまった東シナ海と南シナ海のミサイルバリアを沈黙させるため、その方策を直ちに作り出すことに、人民解放軍は総力を結集せよ。今回の屈辱は、一〇倍にして返すのだ！」

終　章　地対艦ミサイルは専守防衛の武器

第一列島線は中国の包囲網

最後にもう一度繰り返すと、「偉大なアメリカの復活」を標榜《ひょうぼう》するトランプ政権にとって、南シナ海や東シナ海に対する覇権主義的な海洋侵出政策を推し進める中国に対する、その軍事政策の根幹は「封じ込め」である。

海洋に押し出してくる敵勢力を封じ込めるには、強大な海洋戦力で押し返すというのが伝統的な基本戦略。つまり、東シナ海や南シナ海で軍事的優勢を占める中国を封じ込めるには、強大な海洋戦力を展開させて中国が動き回れないようにする――これが伝統的海軍戦略の考え方であった。

しかし中国海軍の戦略は、アメリカ海軍のように太平洋全域を支配しようというわけではない。中国大陸に接近してくるアメリカの海洋戦力をできるだけ遠方で撃退すれば、それで良いのである。

一方、アメリカが中国を封じ込めるには、中国近海に大戦力を展開させねばならない。それに対して中国側は、海軍力に加え、中国大陸から発進する航空機や様々な長射程ミサイルでアメリカ海洋戦力を迎え撃つことになる。

ここで、アメリカそして日本にとって幸いなことは、中国が「アメリカ海洋戦力を勝手気ままに動き回らせない海域の境界線」と位置づけている第一列島線が、日本、台湾、フィリピン、マレーシア、インドネシアの領域を結ぶ島嶼ラインであるため、アメリカがそれら諸国と同盟関係あるいは友好関係を維持し、第一列島線に中国大陸から押し寄せてくる中国海洋戦力を近づかせないようにすれば、「封じ込め」が達成できるということだ。

つまり、本書で示したグレートバリア戦略を実行して、東シナ海グレートバリアと南シナ海グレートバリアが完成すれば、アメリカ海軍を大増強するまでもなく、トランプ政権の対中軍事戦略は実現されるのだ。

実際に、オバマ政権下においても、対中封じ込め的な言動を連邦議会公聴会などで行っていた太平洋軍司令官、ハリス海軍大将は、トランプ政権誕生で勢いを盛り返し、公の講演会などにおいても、グレートバリア戦略と類似する封じ込めのアイデアを述べていた。

たとえばアメリカ海軍連盟の講演会では、以下のように述べている。

「中国海軍は、いわゆる第一列島線を越えなければ太平洋に出てこられないため、第一列島線上に強力な対艦攻撃戦力を身に付けた陸上部隊をずらりと配備すれば、海上戦力と航空戦力と連携して、中国海軍を第一列島線に接近させないことが可能である」

陸軍の対艦攻撃能力への期待と、海軍と陸軍の協力関係の構築を述べているのだ。

アメリカ海軍高官が、陸軍と協力して敵海洋戦力を迎え撃とうというアイデアを提案するのは稀《まれ》である。中国の海洋戦力の強大化、長射程ミサイル戦力の充実、それに第一列島線という地形的条件などが相まって、アメリカ海軍でも、本書のグレートバリア戦略が受け入れられつつあるのだ。

要するに、オバマ政権下で中国の南シナ海や東シナ海への侵出を見過ごしてきた結果、アメリカ海軍だけでは手に負えなくなってしまったが、本書で述べたグレートバリア戦略があれば、簡単に対応できるということだ。

専守防衛的なグレートバリア戦略

過去半世紀以上にもわたり、憲法第九条とともに日米安全保障条約が存続してきたため、日本社会には、国際スタンダードに照らすと異様な軍事常識が蔓延《まんえん》している。そのため、せっかく国防のための妙案を生み出しても、社会的障碍《しょうがい》・政治的障碍・法令的障碍に阻《はば》まれてしまい、実現はほとんど不可能になってしまっているのが現状である。

そこで、本書のグレートバリア戦略を策定するに当たって心がけたのは、「日本社会に蔓延している独特な軍事感情（いわゆる「平和ボケ」や「空想的平和主義」、あるいは「アメリカ従属主義」）に押し潰されることのない実現可能な戦略であること」であった。

まず第一に、日本の国防状況を知るアメリカ軍人たちのあいだにも鳴り響いている憲法第九条、とりわけそれから派生した「専守防衛」の概念と衝突しない内容であるか否《いな》か、という問題である。

たしかに、日本社会に流布《るふ》している「専守防衛」の概念は、軍事的（国際スタンダードという意味での）には誤りといっても過言ではないのだが、その解釈を正常化したり、憲法第九条の修正を待っていたのでは、それこそ国防戦略が策定される前に中国の軍門に降《くだ》ってしまうかもしれない。

幸いなことに、我々の戦略で「主役」を務めるのは、地対艦ミサイルである。そして、以下のような事実によって、地対艦ミサイルが完全に「専守防衛的」な兵器であることは明白だ。

①地対艦ミサイルは、敵艦艇が射程圏内に入ってこなければ使用することができない「迎撃にのみ用いられる」兵器である。中国艦艇が日本に侵攻してこない限り、絶対に、地対艦ミサイルが火を噴くことはない。

②地上移動式発射装置から発射される地対艦ミサイルは、配備される島内では自由に動き回れるが、艦艇や航空機のように島から外に「出撃」することはできない。あくまでも地対艦ミサイルは「待ち受け専用」兵器である。

③世界で最も多様な地対艦ミサイルを開発し、大量に配備を進めているのは中国人民解放

軍である。その地対艦ミサイルが中心的役割を担《にな》う中国人民解放軍の接近阻止戦略は、対米防衛戦略であるとされている。グレートバリア戦略の仮想敵である中国人民解放軍自身が、地対艦ミサイルを、「専守防衛的」な兵器と位置づけている。

このように、日本で広まっている「専守防衛」の解釈に照らしたとしても、地対艦ミサイルを主力に据えたグレートバリア戦略は優れている。現行憲法下においても、本日から実現可能な戦略なのである。

一兆円以下で完成する強固な戦略

グレートバリア戦略は、中国による南西諸島への上陸侵攻を防ぐための戦略として考案された。そして、この戦略の中核となる地対艦ミサイルバリアによって、日本沿岸へ中国艦艇が接近するのを阻止する仕組みも誕生することになる。それも、当初から米軍の来援を当てにするのではない。日本独力で中国軍の来寇《らいこう》をはねのける自主防衛態勢がスタートするのだ。

このような効果を生み出すためには、グレートバリア戦略以外の方策も考えられないわけではない。たとえば「海洋戦力にはより強力な海洋戦力で対抗する」という伝統的な考え方にしたがって、日本自身の海洋戦力を中国をはるかに凌駕《りょうが》するレベルに強大化すれば、抑止力を手にすることになるであろう。これは、いわゆる建艦競争あるいは軍拡競争に打ち勝つという、まさに軍国主義的方針であり、米ソ冷戦をアメリカが勝ち抜いた方策である。ただし、日本がこのような伝統的方針によって中国への抑止戦力を自前で手にしようとする場合、莫大な費用がかかることはいうまでもない。

たとえば、攻撃潜水艦（原子力推進ではない通常動力潜水艦）の数を中国海軍と拮抗《きっこう》させるために、海上自衛隊が二五隻の潜水艦を手に入れるには、少なくとも一兆五〇〇〇億円の建造費が必要である。フリゲート艦（イージス艦ではない）を海上自衛隊が三〇隻手にするには、高性能バージョンであるならば、やはり一兆五〇〇〇億円は必要だ。

もちろん、日本が手にしていない攻撃原子力潜水艦（一八〇〇億円程度）、航空母艦（アメリカ海軍の原子力空母の場合、空母の建造費だけで八〇〇〇億円以上かかり、メンテナンス費用も極めて高額）、強襲揚陸艦（基本的なもので一〇〇〇億円以上）、爆撃機（アメリカのB2ステルス爆撃機は二〇〇〇億円）などは、いずれも超高額兵器の代名詞である。

要するに、自衛隊が中国人民解放軍の海洋戦力と主要装備において拮抗《きっこう》するレベル（ただし数だけの比較において）に達するには、優に二〇兆円以上の兵器調達費が必要となる。

当然のことながら、それだけの艦艇や航空機を運用するためには、海上自衛隊の人員規模は現在の三倍、航空自衛隊の場合は現在の六倍必要になる。すると、日本の国防予算のおよそ半分を占める人件費は跳ね上がり、教育訓練費などを含めると、とてつもない額に上る。それらに加え、艦艇や航空機の訓練用燃料や有事用備蓄燃料などの額も、五倍増では済まなくなるだろう。

このように考えると、新しい装備調達費二〇兆円は別枠としても、毎年度の防衛予算は、少なくとも一〇兆円以上必要となる。

伝統的な「海洋戦力にはより強力な海洋戦力で対抗する」という方策とは違い、グレートバリア戦略で新たに調達する必要があるのは、大量の地対艦ミサイルと、ある程度の地対空ミサイル、それに下地島空港をはじめとする航空基地や軍港の整備である（ただし新たに飛行場や港湾を造り出す必要はない）。

地対艦ミサイルや地対空ミサイルの場合、発射装置や誘導装置などのシステム全体の価格は、配備数が少ない場合でも配備数が多い場合でも、数倍もの価格差が生ずることはない。また、発射されるミサイルそのものの価格は、一〇〇倍もの数を生産することになれば、大量生産効果により、一基あたりの価格は一〇〇分の一までにはならないものの、大幅に廉価《れんか》になる。

したがって、東シナ海グレートバリア戦略に必要な地対艦ミサイル八セット、ならびにミサイル本体（予備弾を含んで）三〇〇〇基の調達価格は、一兆円には届かない。

なによりも、グレートバリア戦略の主力となる「グレートバリア戦闘団」は、自衛隊員の大幅な増員を前提とした部隊創設ではないため、人件費の増額という事態も避けられる。四年計画にすると一年あたり二五〇〇億円ほどの財政負担で、中国海洋戦力による侵攻を封殺できるだけの効果的な地対艦ミサイルを手にすることができるのだ。

伝統的な海洋戦力強化によって抑止力を高める場合、兵器調達だけで二〇兆円以上という巨額の防衛費が必要となるため、そのようなアイデアを提案しても、取り合ってもらえないことになる。それとは異なり、グレートバリア戦略を実現するのに、天文学的な予算は必要ない。国際スタンダードから見ると「異常に低額に抑えられている」日本の国防費を、たとえばＧＤＰ比で国際平均値にするだけで、おつりが来るレベルだ。

――グレートバリア戦略は夢物語ではなく、やる気さえあれば、すぐにも実現可能な戦略なのである。

日本製ミサイルでアジアが変わる

戦略実施のための装備費用が現実的レベルであるというだけでなく、主要装備たる地対艦ミサイルを日本自身が開発し製造しているという事情も、グレートバリア戦略が日本にとって有望であることの大きな理由の一つだ。

本書で触れたように、東シナ海グレートバリア戦略の主戦力となる地対艦ミサイルは、日本が生み出した「88式地対艦ミサイル」「12式地対艦ミサイル」それに「改良型12式地対艦ミサイル」ということになる。

「改良型12式地対艦ミサイル」は、基本的には、現存する「12式地対艦ミサイル」の射程を延伸したものが想定されている。新しい兵器システムとはいえ、ミサイルに造詣《ぞうけい》が深いアメリカ海軍技術将校やミサイル関係技術者たちによれば、「現在ミサイルを製造しているメーカーにとっては、射程延長など、技術的にはまったく問題ない」とのことである。

ただし射程が延びれば、それだけ遠方の目標を的確に捕捉するための警戒機をはじめとするセンサーが不可欠となる。しかし、高性能哨戒機や早期警戒機を運用している自衛隊にとって、この点もなんら問題はない。

日本を直接防衛するためのミサイルバリアに加え、南シナ海沿岸域にミサイルバリアを構築するには、フィリピン、マレーシア、ブルネイ、インドネシア、それにベトナムに日本製地対艦ミサイルを供与する必要が生じる（すでに述べたように、台湾は国産の地対艦ミサイルを生産している）。

幸いなことに、それらの東南アジア諸国にとって、地対艦ミサイルや地対空ミサイルといった地上兵器を運用する部隊の育成は、最先端の艦艇や航空機の運用要員育成に比べ、格段に容易である。

そもそもフィリピンやマレーシアなどに、フリゲート艦や潜水艦、それに戦闘機を供与しても、海軍や空軍そのものを大幅に増強しなければならないことになり、せっかくの新鋭兵器が最前線に配備されるまでには、相当の年月が必要となる。しかし地対艦ミサイルの場合、比較的短時日で戦力となり得るため、ミサイルバリア構築は極めて現実的な構想なのだ。

南シナ海グレートバリア戦略に必要なミサイルシステムは、日本自身が調達する数の倍以上が必要だ。要するに、グレートバリア戦略を東シナ海と南シナ海で実施するには、三〇セット以上の地対艦ミサイル、それに一万発に近い大量のミサイル本体を製造しなければならない。

とはいっても、日本の地対艦ミサイルは、三菱重工業すなわち民間企業が製造している。そこで短期間に大量の地対艦ミサイルを調達するためには、生産能力増強のためにも国家予算を投入する必要が生じる。日本政府が、このような増産体制をサポートすることができるか否《いな》かだけが、グレートバリア戦略が抱える唯一の問題といえよう。

ただし、地対艦ミサイルを南シナ海沿岸諸国に供与することによって、日本自身の調達コストも大幅に軽減される。また、最先端技術の塊《かたまり》であるミサイル本体や誘導装置、それに発射装置はもとより、各種装置が積載される大型車両に至るまで、高度な技術と経験を要するシステム全体のメンテナンスも、日本側が提供する必要がある。したがって、大量生産体制への初期投資は、それら友好諸国への長期にわたるメンテナンスや修理などによって、十二分に回収可能となるのだ。

もちろん、東南アジア諸国に誕生する沿岸域防衛ミサイル部隊が日本製地対艦ミサイルや短距離地対空ミサイルを運用するに当たり、自衛隊や日本技術陣の指導と継続的な協力が必要となる。そして、それらのミサイルの目となり耳となるセンサー、哨戒機、警戒機、大型艦艇などの使用に関しても、当面のあいだは自衛隊や米軍が出動する形とならざるを得ない。

したがって、日本とそれら南シナ海沿岸諸国との外交関係も、極めて緊密なものとなるのだ。

以上のように、日本企業にしか作り出すことができない高性能防衛兵器が主役を務めるグレートバリア戦略は、軍事的だけではなく、外交的にも経済的にも、理想の防衛戦略といえる。

真の抑止力が完成する日

もう一度繰り返す。グレートバリア戦略の目的は、あくまでも中国海軍の水上戦闘艦艇を中心とした上陸侵攻作戦を抑止することにある。よって、中国や北朝鮮による核攻撃や長射程ミサイル攻撃、そして中国海軍の潜水艦作戦などには、それぞれに対応する抑止戦略が必要になることはいうまでもない（拙著『巡航ミサイル1000億円で中国も北朝鮮も怖くない』講談社＋α新書を参照）。

グレートバリア戦略だけが実施されても、中国の軍事的脅威を完全に除去できるわけではないが、いま中国の勢いにストップをかけないと取り返しがつかないことになるのは、我が日本なのだ。

まずグレートバリア戦略を実施し、中国の覇権主義者たちに、南西諸島侵攻はもとより、東シナ海や南シナ海の軍事的コントロールというオプションを捨てさせることが、喫緊《きっきん》の課題となる。

グレートバリア戦略は、法的にも政治的にも、そして財政的にも、完全に実現可能な戦略である。そして、本書で解説してきたように、グレートバリア戦略が実施された場合には、「中国人民解放軍の侵攻艦隊が東シナ海を押し渡り南西諸島に上陸侵攻する」というシナリオは消滅する。

平時においても、グレートバリア戦略に基づいた防衛態勢が確立されていたならば、中国人民解放軍の艦艇が、現在のように大手を振って東シナ海や西太平洋で動き回ることはできなくなる。なぜならば、中国軍艦が日中中間線を越えて日本の領海に接近すると、その海域は、南西諸島にずらりと配置された地対艦ミサイルの有効射程圏内になっているからである。

もちろん、いくら日本の排他的経済水域内海域を中国艦が航行しているからといっても、平時において日本側が地対艦ミサイルによる先制攻撃を敢行《かんこう》することは考えられない。しかし、大海原《おおうなばら》を航行する中国艦にとって、いつでも日本の地対艦ミサイルによって海の藻屑《もくず》になりかねない海域での行動は、心理的プレッシャーが極めて大きい。なにしろ万一の場合、間違いなく撃沈されてしまうのだ。

このように、戦時はもとより平時においても、中国艦が南西諸島の島嶼線に接近する際に、常に最高度の緊張を強いられるという状態こそが、抑止力が効いた状態ということになる。

たとえ「日米同盟が強化されているから抑止力も高まっている」と口先で繰り返していても、それは「アメリカが救援軍を送り込む可能性に期待できる」ことを意味しているのであって、平時において米軍が、中国人民解放軍に心理的脅威を与えているわけではない。

有事に際し米軍ほど強力な攻撃力を持たずとも、平時において中国の艦艇や航空機に対して強い心理的プレッシャーを与え続けるグレートバリア戦略こそ、真の意味での強力な対中抑止力となるのだ。

そして、そのような効果的な抑止力の存在は、究極的には、中国共産党指導者に無謀な海洋侵出政策の大幅修正や、断念を迫ることになる——。

北村 淳

アメリカ海軍アドバイザー(政治社会学博士)。東京都に生まれる。東京学芸大学教育学部卒業。警視庁公安部勤務後、1989年に北米に渡る。ハワイ大学ならびにブリティッシュ・コロンビア大学で助手・講師等を務め、戦争発生メカニズムの研究によってブリティッシュ・コロンビア大学で政治社会学博士号を取得。専攻は戦略地政学ならびに海軍戦略論。軍隊の内部でフィールドリサーチを行う数少ない日本人で、米シンクタンクで海軍アドバイザーを務める。ワシントン州に在住。

著書には、『巡航ミサイル1000億円で中国も北朝鮮も怖くない』(講談社+α新書)『米軍が見た自衛隊の実力』(宝島社)などがある。

講談社+α《プラスアルファ》新書 687-2 C

トランプと自《じ》衛《えい》隊《たい》の対《たい》中《ちゅう》軍《ぐん》事《じ》戦略《せんりゃく》

地対艦ミサイル部隊が人民解放軍を殲滅す

北《きた》村《むら》 淳《じゅん》

2018年6月20日第1刷発行

発行者―――― 渡瀬昌彦

発行所―――― 株式会社 講談社

東京都文京区音羽2-12-21 〒112-8001

電話 編集(03)5395-3522

販売(03)5395-4415

業務(03)5395-3615

カバー写真―――― 陸上自衛隊、ゲッティ イメージズ

デザイン―――― 鈴木成一デザイン室

カバー印刷―――― 共同印刷株式会社

印刷―――― 慶昌堂印刷株式会社

製本―――― 株式会社国宝社

本文組版―――― 朝日メディアインターナショナル株式会社

定価はカバーに表示してあります。

落丁本・乱丁本は購入書店名を明記のうえ、小社業務あてにお送りください。

送料は小社負担にてお取り替えします。

なお、この本の内容についてのお問い合わせは第一事業局企画部「+α新書」あてにお願いいたします。

Printed in Japan

ISBN978-4-06-511654-8

講談社＋α新書

この制御不能な時代を生き抜く経済学　竹中平蔵
2021年、大きな試練が日本を襲う。私たちに備えはあるか？　米国発金融異変など危機突破の6戦略
840円 747-2 C

ビジネスZEN入門　松山大耕
ジョブズを始めとした世界のビジネスリーダーがたしなむ「禅」が、あなたにも役立ちます！
840円 748-1 C

グーグルを驚愕させた日本人の知らないニッポン企業　山川博功
取引先は世界一二〇ヵ国以上、社員の三分の一は外国人。小さな超グローバル企業の快進撃！
840円 749-1 C

力を引き出す　「ゆとり世代」の伸ばし方　原晋　原田曜平
青学陸上部を強豪校に育てあげた名将と、若者研究の第一人者が語るゆとり世代を育てる技術
800円 750-1 C

台湾で見つけた、日本人が忘れた「日本」　村串栄一
激動する〝国〟台湾には、日本人が忘れた歴史がいまも息づいていた。読めば行きたくなるルポ
840円 751-1 C

不死身のひと　脳梗塞、がん、心臓病から15回生還した男　村串栄一
がん12回、脳梗塞、腎臓病、心房細動、心房粗動、胃三分の二切除……満身創痍でもしぶとく生きる！
840円 751-2 B

世界一の会議　ダボス会議の秘密　齋藤ウィリアム浩幸
なぜダボス会議は世界中から注目されるのか？　ダボスから見えてくる世界の潮流と緊急課題
840円 752-1 C

欧州危機と反グローバリズム　破綻と分断の現場を歩く　星野眞三雄
英国EU離脱とトランプ現象に共通するものは何か？　EU26ヵ国を取材した記者の緊急報告
860円 753-1 C

儒教に支配された中国人と韓国人の悲劇　ケント・ギルバート
「私はアメリカ人だから断言できる!!　日本人と中国・韓国人は全くの別物だ」――警告の書
840円 754-1 C

中華思想を妄信する中国人と韓国人の悲劇　ケント・ギルバート
欧米が批難を始めた中国人と韓国人の中華思想。英国が国を挙げて追及する韓国の戦争犯罪とは
840円 754-2 C

日本人だけが知らない砂漠のグローバル大国UAE　加茂佳彦
なぜ世界のビジネスマン、投資家、技術者はUAEに向かうのか？　答えはオイルマネー以外にあった！
840円 756-1 C

表示価格はすべて本体価格（税別）です。本体価格は変更することがあります

講談社＋α新書

本物のビジネス英語力	久保マサヒデ	ロンドンのビジネス最前線で成功した英語の秘訣を伝授！　この本でもう英語は怖くなくなる	780円 739-1 C
選ばれ続ける必然　誰でもできる「ブランディング」のはじめ方	佐藤圭一	商品に魅力があるだけではダメ。プロが教える選ばれ続け、ファンに愛される会社の作り方	840円 740-1 C
歯はみがいてはいけない	森昭	今すぐやめないと歯が抜け、口腔細菌で全身病になる。カネで歪んだ日本の歯科常識を告発!!	840円 741-1 B
やっぱり、歯はみがいてはいけない　実践編	森昭 森光恵	日本人の歯みがき常識を一変させたベストセラーの第2弾が登場！「実践」に即して徹底教示	840円 741-2 B
一日一日、強くなる　伊調馨の「壁を乗り越える」言葉	伊調馨	オリンピック4連覇へ！　常に進化し続ける伊調馨の孤高の言葉たち。志を抱くすべての人に	800円 742-1 C
50歳からの出直し大作戦	出口治明	会社の辞めどき、家族の説得、資金の手当て。著者が取材した50歳から花開いた人の成功理由	840円 743-1 C
財務省と大新聞が隠す本当は世界一の日本経済	上念司	財務省のHPに載る七〇〇兆円の政府資産は、誰の物なのか!?　それを隠すセコ過ぎる理由は	880円 744-1 C
習近平が隠す本当は世界3位の中国経済	上念司	中国は経済統計を使って戦争を仕掛けている！中華思想で粉飾したGDPは実は四三七兆円!?	840円 744-2 C
経団連と増税政治家が壊す本当は世界一の日本経済	上念司	企業の抱え込む内部留保450兆円が動き出す。デフレ解消の今、もうすぐ給料は必ず上がる!!	860円 744-3 C
考える力をつける本	畑村洋太郎	企画にも問題解決にも。失敗学・創造学の第一人者が教える誰でも身につけられる知的生産術	840円 746-1 C
世界大変動と日本の復活　竹中教授の2020年・日本大転換プラン	竹中平蔵	アベノミクスの目標＝GDP600兆円はこうすれば達成できる。最強経済への4大成長戦略	840円 747-1 C

表示価格はすべて本体価格（税別）です。本体価格は変更することがあります